诗意食谱

花之宴

经典自然
随笔

A Poetical Cook-Book

[美] 玛利亚·J. 莫斯／著
曾绪 刘虹邑 杨乔羽 冯馨莹／译
闻春国／审译

四川人民出版社

图书在版编目（CIP）数据

诗意食谱：花之宴/（美）玛丽亚·J. 莫斯著；曾绪等译. —成都：四川人民出版社，2020.5

ISBN 978－7－220－11839－5

Ⅰ. ①诗… Ⅱ. ①玛… ②曾… Ⅲ. ①菜谱－美国②诗集－美国－现代 Ⅳ. ①TS972.187.12 ②I712.25

中国版本图书馆 CIP 数据核字（2020）第 058625 号

SHIYI SHIPU

诗意食谱

［美］玛丽亚·J. 莫斯著

曾　绪　刘虹邑　杨乔羽　冯馨莹　译

闻春国　审译

策划组稿	张春晓
责任编辑	张春晓
翻译统筹	刘荣跃
封面设计	张　科
版式设计	张迪茗
责任校对	舒晓利
责任印制	祝　健
出版发行	四川人民出版社（成都槐树街 2 号）
网　　址	http://www.scpph.com
E-mail	scrmcbs@sina.com
新浪微博	@四川人民出版社
微信公众号	四川人民出版社
发行部业务电话	（028）86259624　86259453
防盗版举报电话	（028）86259624
照　　排	四川胜翔数码印务设计有限公司
印　　刷	成都东江印务有限公司
成品尺寸	130mm×185mm
印　　张	7.75
字　　数	120 千
版　　次	2020 年 5 月第 1 版
印　　次	2020 年 5 月第 1 次印刷
书　　号	ISBN 978－7－220－11839－5
定　　价	40.00 元

目 录

诗意食谱

汤 类

肉类 ///

鸟 类 ///

其他类 ///

酱 类 ///

蔬菜类 ///

蛋 类 ///

甜 品 ///

编辑告白

——致亲爱的读者

这是一本极易引起饥饿感的书。

因为生活习惯及食物结构的不同，这本书对于中国读者可能没有太大的操作性。然而在150多年前，这是一本极具实用性且非常时尚的菜谱。我们出版这本书，与其说欲为读者提供一份菜谱，不如说欲为读者提供一种生活态度。试想，对于家庭主妇而言，拥有一本配有诗歌的食谱，在诗情画意的陪伴下琢磨、创新各种食材的做法，烹饪乐趣是否会立刻成倍增加？

不仅如此，通过此书了解150多年前的美国人在吃什么，在如何生活，也是一件有趣的事情。本书对食物的分类跟我们今天的认知有些不同，但是从这一份份食谱中仍能深切感受到主妇们对生活的热爱，跟今天的我们别无二致。

书中介绍的众多食材，除鹿肉、云雀之类，是我们没法吃不能吃的东西，大部分食材今天依然以各种形态出现在我们的生活中。所以在编辑过程中，看到这些熟悉的食材竟然还有这么多做法，真的有醍醐灌顶之感。

《诗意食谱》是美国历史上第一部慈善食谱书籍。此书的所有收入都捐给在美国内战中受伤的士兵——这种做法在当时尚属首创，很快畅销一时。该书出版之后很快便风靡全美，并赢得广泛好评，同时也在全美掀起了一股食谱募款的风潮。仅在1864年—1922年短短半个世纪内，就陆续出版了慈善食谱书籍三千余种，极大地提高了美国在世界慈善事业中的影响力。

因此，此书不仅关乎美食，还关乎诗歌，关乎慈善，关乎我们对美好生活的向往与不懈地追求！

2020年5月

献　词

“封面下藏着的是什么？

是厨房的秘密。”

——摩　尔

当我动手撰写这本书的时候，我早就搬回橡树岭了。那时，我不曾想到这本书能够为我的同胞们带来帮助。为了美利坚的明天，为了合众国的旗帜能永远飘扬，为了证明自由并非一纸空谈，这些英勇的战士们，忍受着病痛与饥饿，奋不顾身，浴血奋战。为此，我将把本书的所有收入捐献给 1864 年 6 月在费城举办的卫生博览会。

1864 年 3 月

一

浅览几册寓言和幻想故事篇后，

我便致力于找寻一个合适的主题

但一无所获，偶有雅趣者，

皆已由吟游诗人寄情颂扬，

困扰至今方现契机。

探寻至今宝藏离我一步之遥。

这是一个关于诗歌的主题，

它固不会使我灵魂变得高贵，

但必令我的不惑之年更难忘。

纵侃谈写作，赏析览千卷，

雄辩逻辑学，畅谈希腊文，

但都比不上美食让人愉悦。

——摩　尔

诚然，论及唱歌和烹饪，

波比坚信唯精细的烹饪工艺让世界美丽。

——摩　尔

这些珍馐佳肴是美食家赠予我们的吗？

上天送来好肉，恶魔捎来厨师；

如德国人一般，我平日的生活，

都游走在卧室和餐桌之间。

——摩　尔

二

固然厨师们通常都是富有机智的人，

但由于他们的技艺太优秀，很少有人能写出来。

有个很有意义的问题，厨师的技艺是天生的还是靠书本获得的?

他们绝不会把一种高贵的款待当作一回事，

因为这种款待全部依赖于收入丰厚。

天然的食材是不可直接食用的，

但她正好知道炖、肉、烤、煮。

当艺术和自然融合在一起时，

就创造出来美味的肉酱，或者迷人的肉酱。

大地和水所孕育的，或空气所激发的，

都能使人的味蕾适应火的煎熬。

虽然她的技艺不太精湛，但可以吸引别人的胃口；

但厨师能学会什么时候买食材，哪些食材过季了；

什么食材不新鲜，选择买些什么；

买多少，哪些会浪费掉，等等。

来引导他在味觉的迷宫中穿行。

所有烹饪的基本原则是烹调佐料的巧妙利用；

因为当市场送来大量的食物时，

在味道变好之前，它们都是无味的。

此外，提前知道要做给谁吃，也无可厚非。

你会做菜去取悦一个朋友，

或使兄弟、暴躁的父亲或傲慢的母亲和解；

想要安抚法官，想要压制乡绅，

或者你想要在法庭上争得一丝微笑；

或者，也许你会匆匆地吃一顿晚饭，

以显示你现在的优越地位。

根据你的喜好来选择所有的葡萄酒和肉类。

餐桌应像一幅画，映进人们的视野；

有些菜是投在阴影里的，有些菜是洒在灯光里的；

有的菜在远处闪着光泽，有的菜在近处楚楚诱人。

在那里厨师可以轻松自如地掌控一切；

有的食材一动就碎，有的要熬整个过程，刺激味蕾。

他说："你虽有智慧，虽受我的教训，却要牢牢记住这句话：

有些事情做得并不出色，但我们可以说还算不错。"

许多有价值的人获得了律师奖，

这些人大多中等身材，以此来区别，

因为他们整日坐在律师事务所辩护或翻案卷；

但是，我的孩子，厨师的命运不在这里，

他们神秘的厨艺才是真正的乐趣所在，

这份乐趣传递到袜带摊，也传递到国王的御前。

一个简单的场景，一首陌生的曲子，

这绝对不属于主要的设计，

或者它们永远不会被用于主设计中，

导致一部精心制作的喜剧受到质疑或遭受白眼；

所以在宴会上，不会允许中间环节出现失误；

但如果你不能做到最好，那就什么也不是。

或者如果你想尝试一些不知名的菜，

你会自己做的话会更特别，

像古代的水手一样，仍敬畏海岸——

因为冒险走太远，可能会迷路。

把祖先煮熟的东西烤熟，

把他们烤的东西焙着吃，很多东西则会变质。

但按照美国人的口味来烹调是完全可行的，

他们那双调制美味的手又可以变出正常的肉。

如果把厨房设在远离客厅的地方，

美味佳肴的制作过程则会黯然失色。

悄悄地拖出你的家禽，腾空你的肚子，

把鳝鱼身上黏糊糊的东西抹去。

请在夜晚完成这些残酷的过程，

因为人们虽喜食它们，但厌恶看到这场景。

厨师必须保证食物清洁来吸引人们的胃；

厨房里不容许有任何疾病。

如果伟大的诗人贺拉斯还活着，

他会筹划一场充满智慧和评价的盛宴，

假设你要预演费劲的工作，比如每道菜都要匹配一句诗，

他会说，“这个词改改，那句诗不妥，这句诗尾不押韵。”

如果在批判之后诗句仍然不对，

他会要求你给它赋予一个新的意象，

或者换上一些更令人好奇的菜。

如果你听从，他就不会对菜肴失去热情，

一种像自爱自赏般令人愉悦的激情。

厨师们分工，有人装饰桌子，有人呈菜上桌，

或者以一种谨慎的混搭烹调来展示他们的技巧。

不要轻易改变你的饮食习惯，

当菜肴不能使你食欲大开时，你才做选择和换新菜。

但对那些奢侈浪费的人，

内心仍会产生无比的憎恨。

桌上的肉太多，都看不到桌子的边儿了；

很少有人会去雕刻一些甜点小菜让其“乔装改面”，

不然一些人就会“惊喜”这份奇异菜肴。

当视觉和味觉的愉悦相遇时，

厨师就完成了他伟大的创造；

他获得的荣耀堪比英勇的骑士，

他的馅饼就像一张不朽的画布。

其次，对食材使用量的谨慎把握可节约成本，

款待客人时，顶多三道菜。

千万不要用新买的机器来做馅饼，

除非有达官显贵在场，

你可以把魔法小矮人放进馅饼里。

餐桌不要挤着坐，

把宾客控制在三人到七人间。

是甜点，让所有宴席增色，

因为往往坏的结局贬低了一切，

俗话说“一颗老鼠屎坏了一锅汤”。

用印度糖和阿拉伯香料来做透明糖果。

刚从树上摘下来的水果最好都装上保护层，

如同你给脸上涂抹保护面霜一般。

现在宴会结束了，畅谈重新开始，

诙谐的辩论是我们期待的；

坐在快乐的朋友们中间，

愉悦的主人举杯向众人致意；

优雅的酒杯下响起：

“为总统的健康和国家的富足和平干杯！”

表现出对恩典的虔诚，然后每个喜悦者，

再重新坐回自己的位置；

在他的门口，在如此丰富的储藏中，

上帝的祝福也洒在穷人身上。

是菜谱，还是诗集？（代序一）

在所有热爱美食的方式之中，还有什么能比以食物入诗更为风雅、更为直抒胸臆？《诗意食谱》的的确确是一本可操作的菜谱，同时亦是一本关于美食的诗集。在那个没有搜索引擎的年代，作者精心为每一份菜谱配上了一段歌颂这道菜的诗歌，足见“吃货”的精神境界。除此之外，当此书于 1864 年出版之时，作者将所有收入都捐给在内战中受伤的士兵——这种做法在当时尚属首创，此书很快畅销一时。

行于天地间，

可无丝与竹，

可无爱与赎，

可无朋与书，

亦可无华服。

唯独不可缺，

佳酿与美馔。

若无书，则无心忧。

若无欲，则无离愁。

若无求，则得自由。

唯不可，放歌无酒，

雅座壁盘美酿珍馐。

A

朱唇欣启宽霓裳，

味蕾狂欢菜谱上。

谢君信任尚前来，

极致佳肴玉盘开。

色泽鲜亮美如画，

恺之犹见心牵挂。

家庭主妇的职责（代序二）

主妇们应该记住一点，安排家庭的吃穿用度是她们的职责，因此只有做到事无巨细均要精打细算，才能避免不必要的开支。

对许多家庭而言，生活的富足建立在父亲的勤劳和母亲的贤惠之上。

主妇们应该保证生活井井有条，比如说，不同质地的糖应该敲碎分好，黑加仑应该洗净分拣晒干后装进罐子里，香料也应该提前磨碎放好，等等。厨房中的一切食物都应该存放在适当的地方，这样才能尽可能地避免浪费。保存蔬菜、干肉和火腿最好的办法是放到石板上。制作甜点用的谷物，大米应该密封保存，避免生虫。面粉应该保存在阴凉干燥的地方，袋口用绳扎紧，每周都要上下倒面、摇动，避免结块。供冬天食用的胡萝卜、欧防风、甜菜都应该埋进沙堆里，且和保存土豆一样，都不要洗净表皮的泥土。储存洋葱最好的办法是将其挂在干燥的房间里。铺放苹果的稻草一定要提前晒干，不然，苹果吃起来会有发霉的味道。

法国菜谱中常用到龙蒿，在用其熬制高汤时，应在盛盘前再加入龙蒿。罗勒、香薄荷、墨角兰和伦敦百里香都是经常用到的植物香料。不过，因为味道辛辣，在使用时应按照个人口味酌情添加。

做汤的时候，可加入芹菜籽提香，干欧芹是冬季烹饪时非常重要的香料。欧芹应贴近茎切下，放在罐子中用低温炉烘干，以此保留其香味和色泽。洋蓟在自然晒干之后，应装入纸袋封存。而松露、柠檬皮应该存放在干燥的地方，贴上标签，以便于区分。

保存泡菜和蜜饯都应该隔绝空气，但不同的是，由于泡菜取用频繁，所以应该分小罐存放，以免变质。

用柠檬和橘子制作果汁有两种方法：可以先将水果削皮后榨汁，将果皮晒干保存；也可以将水果对半切开后挤干，将果肉掏出，再把果皮晒干磨碎。第一种办法适合用来榨取需要煮沸的果汁。

如果需要分离蛋清来制作果冻或者其他食物，那么，剩下的蛋黄就可以制作布丁或者蛋奶沙司。

熬制的老汤应该每天换盆，避免变质。

制作巧克力、咖啡、果冻、燕麦粥、肉皮冻，火候是关键，如果煮过了头，口感就会变差。

制作果冻用的过滤网和扎口绳都要烫煮消毒后再晾干，以确保下次使用的时候这些工具上不会有让人讨厌的异味。

在硬水中加入一小撮珍珠灰或苦艾盐，可以让煮过的蔬菜保留翠绿的色泽。

牛里脊、嫩牛肉或嫩羊肉中的板油可以切下来做布丁，也可以脱水保存。烤制时滴下的油脂可以替代黄油使用。不过，家禽和野味除外。

经过霜打的肉和蔬菜在下锅前都应该在冷水中浸泡2～3个小时，具体可根据结冰的程度来决定。如果直接放入热水或是用火加热解冻，则会影响食材的口感。

在温暖的天气下，首先要保证肉质的新鲜。盛夏的时候，腌制是保存肉类最安全的办法：将肉放在冷水中静置一个小时，捞出后擦干，把盐均匀细致地抹到肉的每一个角落，剩下一把盐在旁边备用。之后3～4天，每天翻转腌肉，并将剩下的盐抹到肉上。如果希望延长保存的时间，可以将抹过盐的肉用面粉包裹起来，用这种方法腌制的新鲜牛肉当天就可以保存起来，但烹饪时需要待水煮沸方可放入。

如果天气允许，可以将肉晾晒 2～3 天后再进行腌制，这样口感会更佳。

对于穷人们来说，在煮过肉的水里加上点蔬菜，燕麦粉或是豌豆，便是一锅上好的浓汤。记住，千万别把汤里的油倒掉！烤过的牛骨或火腿的胫骨也可以制作豌豆浓汤，这道菜需要提前一天开始熬制。在熬制过程中，最好将浮油撇去。每天做饭之前，主妇们最好能去食物储藏室溜达一圈，了解食材的情况，避免变质浪费。许多食材在初次处理后还需要用另外的方法再处理一次，这样可以在不增加开支的前提下，提升它们的口感。

牛股肉、无骨小牛肉和羊腿肉要价更高，但这些地方的肉肉质紧实，贵得有道理。不过，值得注意的是，这些部分的关节虽然不起眼，但是味道上佳，且价格更便宜，值得购买。如果骨头和肉合着买的话，肉的价格会更加划算。

动物肋骨上的那一块肉因为容易感染病菌，最好不要食用，牛臀骨的位置因为常被鞭子抽打，也容易发生感染，所以，我建议也别买。

羊胫骨放进汤里可以增加味道的层次感，对于生病的人来说也是滋补佳品。

腌制后的小牛牛舌，无须与牛首搭配，也无须与其他主材搭配，它本身就是佳肴主料的不二之选。

腌制牛舌时，一些人喜欢保留牛舌根部，让牛舌看起来更长。实际上，最好的处理方式是切下靠近喉部的这部分牛舌根，同时保留牛舌根下方的脂肪。切下的牛舌根部需用清水加盐浸泡，处理干净，牛舌部分则需要抹盐，放置一晚，完成腌制。

腌肉也是一门技术活，对像美国这样的腌肉消费大国而言，技术则更加重要。无论是牛肉还是猪肉，在正式腌制之前，都需要挂起来放血，以去除肉中的血腥味。抹盐腌制后，需要每天翻动肉块，如果想加快进度，可以给肉做做按摩。腌肉需要用到带盖的腌肉缸，如果腌制过程中放了大量的盐，要将腌渍风干后的肉放到锅中，加入冷水煮开，并撇去浮沫。一些家庭因为肉变质而造成很大的浪费。如果天气很暖和，路程又很远，肉店老板应该多担责任，而且应该在早上就将肉送到顾客手里。

经过醋洗后，羊大腿可以保存很长时间。在放置过程中，如果有沾湿的地方，须及时擦干。放少许盐，稍加揉搓味道也不错。如果发现羊大腿可能放不了一天马上就坏了，那就该忙活啦。

飞禽的处理方法(丘鹬、沙锥鸟除外)，放血后掏出内脏，洗净后码盐。提前烧好一大锅热水，将鸟放进热水中浸泡5分钟。将鸟悬挂于阴凉处，待水沥干，往腹腔和脖子上抹上胡椒。烤制前，需将胡椒洗去。这种方法适用于处理大部分的飞禽。

有些鸟的肉质娇嫩，所以处理时的水温不宜过高。

淡水鱼多有泥腥味，烹制前需先用浓盐水腌制，或者码上适量的盐。

这本食谱会给出调料确切的用量。不过，到底是多加点香料还是少用点大蒜和黄油都取决于各自的口味。如果菜品口味不佳，不如看看是不是食材出了问题。

对于家庭主妇而言，这本书应该人手一册。最终，她们会体会到烹饪的乐趣之所在。

1864年4月

诗意食谱

汤 类

乌龟汤

通广如食神，

游历江海大川，

尝遍玉盘珍馐。

皆不及龟甲，入海登岸逍遥。

一碗平价乌龟汤，何以引英雄折腰？

——摩　尔

制作乌龟汤前，需要将要用到的香料剁成碎粒，还要先提前处理乌龟。这里教大家一个小技巧：用绳子将乌龟的后肢捆住，然后悬空，再在脖子上系上重物，这样就更容易切掉乌龟的头。将切掉头的乌龟倒吊一夜，放血。次日，准备好炉子和一大壶热水，将乌龟面朝天放置于桌上，用锋利的小刀将龟腹甲切除——硬壳的两端皆有关节，切的时候要注意：小心地将其与背壳分离，然后从喉头的位置开始，将除心脏以外的内脏一一清除干净，将乌龟肉和心脏一起放进水中。将附着在硬壳上的脂肪清洗掉，放在干净的盘子里备用。取 20 磅小牛肉，切块，入大锅，按照西班牙菜的做法，乌龟肉同时下锅，加入香料、胡萝卜、洋葱、1.5 磅瘦火腿、胡椒、盐和少许辣椒，再加两片月桂叶。待汤色变为褐色时，加入乌龟四肢(去皮) 和心脏，再添加等量的清水和牛肉汤，一起炖煮 1.5 小时，撇去浮油。加入一把欧芹，转文火。在炖煮的同时，将乌龟头去鳞，刮去龟板膜皮，放入大锅中加水炖煮直至软烂，起锅切块，放到一边备用。接下来的工作就是调配汤汁，乌龟炖好后，将心脏和四肢捞出，汤汁过筛后倒入盘中，撇去油脂。

在烹饪过程中，需要随时注意火候，撇去浮漂，最后倒入一整瓶马德拉酒和半瓶白兰地，大火烧开后转文火炖 1.5 小时。取 6 颗柠檬榨汁过筛，少许辣椒装盆备用。待上菜时，将浮于表面的乌龟肉撇掉，酌情加盐。将柠檬汁和辣椒倒入汤中，搅拌均匀，盛入汤碗。该食谱适用于烹制 50～60 磅重的乌龟。

鸡　汤

巳时寤觉朗，鸡汤馐膳爽；

美酒引哲思，佳肴遇知己。

将制作面糊剩下的鸡块，切掉鸡屁股，去皮，烧一锅水，待到水沸腾时将鸡块放入锅中，加入少许肉豆蔻干粉、洋葱、胡椒粒一起炖煮。同时，取 0.25 盎司甜杏仁油同一汤勺水混合，待鸡汤香味溢出后，将混合好的杏仁油倒入锅中，煮沸后关火，撇去面上的鸡油。

清炖鱼汤

鱼鲜肉嫩，酱汁好，

浓汤入味营养高。

——摩　尔

鱼开膛去鳞，洗净后码上盐备用。取 3 颗洋葱切碎，欧芹适量取其根，一起放入锅中，加入 1 品脱[1]水，开火煮制。鱼改刀成片，取出几片，去骨后剁成泥，同面包碎、姜粒、鸡蛋、韭菜和绿欧芹一起搅拌均匀，捏成丸子待用。将剩下的鱼片和洋葱碎相互错叠，放入炖锅，加水没过鱼肉，开火炖煮，肉熟后装盘。接下来制

① 品脱，英语 pint 的音译。英、美计量体积或容积的单位。1 品脱（英）＝0.5683 升。1 液量品脱（美）＝0.4732 升，1 干量品脱（美）＝0.5506 升。——编者注。

作酱汁，取柠檬1颗，榨汁，加入1个蛋黄，打散后加入1茶勺面粉和0.5品脱清水，搅拌均匀，倒入锅中，加入准备好的肉丸，加入清水，大火煮开，最后将制作好的酱汁和肉丸淋在鱼片上，即可上菜。

炖鱼法

屏息，鱼宴即刻呈现；

鱼丸在勺中跳跃，牛肉在叉上舞蹈；

调味汁如热浪般浇盖，鱼肉丸似仙丹般升华。

取6颗洋葱入水煮软，捞出，切片备用。鱼切片放入炖锅，往锅里加1品脱的水，同时加入适量的盐、胡椒、姜和豆蔻，开火炖煮。在此同时，用碎鱼肉、面包碎、洋葱粒、欧芹、墨角兰、肉豆蔻、胡椒、姜和盐混合做成肉丸，打5个鸡蛋用勺倒进丸子里。待水开15分钟后，将肉丸和切好的洋葱一并倒入锅中，盖好盖子再煮上10分钟，关火。取5个柠檬，榨汁，同6个鸡蛋一起加入锅中，缓慢搅拌汤汁，加入欧芹碎，开小火，水开关火，切勿久煮。做肉丸的时候，如果能加点黄油或者橄榄油，滋味会更佳。如果能成功做出这道菜，我相信你一定会爱上这个味道。

炖鲈鱼

百鱼尝尽，千种风情；

唯念鲈鱼，酒逢诗吟。

——格　林

鲈鱼去鳞去腮，放入炖锅，向锅中加入等量的高汤和白葡萄酒，一片月桂叶、一瓣蒜、一把欧芹、嫩洋葱数颗、两片丁香、适量的盐，开火炖煮。

鱼熟后，捞出沥干入盘，往锅中加入适量黄油和面粉，搅拌均匀，开火。水开后加入胡椒、肉豆蔻和鱼酱球，混合均匀浇在鲈鱼上。

红烧鱼

拂去生活的匆忙，

享受鱼宴的惊艳，

放纵味蕾的贪恋。

——盖　伊

鱼破肚洗净，码上盐腌制 1 个小时，洋葱切片，欧芹根改刀切成长段，向锅中倒入半茶杯量的橄榄油，放入洋葱，欧芹根炸至金黄色。将鱼洗净沥干，切片，按照一层鱼肉一层洋葱的顺序放入锅中。取 1 夸脱[1]啤酒、半品脱醋、0.25 磅糖、一汤勺姜粉搅拌均匀，将鱼肉

① 夸脱，英语 quart 的音译。英、美计量体积的单位。1 夸脱（英）＝1.137 升。1 液夸脱（美）＝0.946 升，1 干夸脱（美）＝1.101 升。——编者注。

浸于其中。入味后，将鱼放入平底锅，用刀把鱼头切开放于锅底，鱼肉按从大到小的顺序垒砌，连汤一起大火煮熟，捞出鱼肉摆盘，往锅中加入少许面粉，煮沸，淋到鱼肉上，待冷却方可上菜。

烤鲟鱼

汝知之，尔所食不与自身匹之，

优越者必鄙于汝。

汝明矣，纵其藏千金，锦食玉盘，

亦拒佳肴款待。

汝晓矣，盖寡者赠君饼，穷者予君糕，

然慨之如富者，赐君火腿与鲟鱼。

——金

选一条体形较小的鲟鱼（也可以取一大块鲟鱼肉），洗净去皮，铺到小银鱼和鳗鱼上，用白葡萄酒柑橘酱腌制一段时间。然后，用烧烤签穿起来，放到火上烤制，在这期间将腌制的酱料抹到鱼肉上，待烤至肉色金黄，刷上一层黑胡椒酱，装盘。

炖鲑鱼

你看，

鱼中贵族——红斑鲑鱼翩然而至；

接着，

龙虾欢快前来，扇贝也不期而遇；

将美食家对鱼宴的垂涎，尽收盘中；

从此，

你将在黑色周三与周五时被禁食，

以赎贪恋美味之罪。

要保证入肉色泽口味俱佳，应该在正式处理前将鱼肉在矿泉水中焯一焯，待水开时加一把盐，快速撇去浮渣。之后，将鱼肉捞出洗净，放入锅中用小火炖煮。烹制鲑鱼需要的时间和烹制肉的时间差不多，煮一磅肉需要 15 分钟，仅供参考。想要节约时间，只能在前面处理鲑鱼上下功夫。

决定煮制时间长短的是鱼的肥瘦，而并非它的重量。炖 0.25 尾鲑鱼的时间和炖半尾是一样的。

注意！鲑鱼肉最薄的地方恰恰是最肥的部分，如果宾客里有一位资深美食家，不妨先问问他对鲑鱼肥瘦的喜好。

龙虾酱和黑麦面包是炖鲑鱼的最佳搭档。

水煮龙虾

晨至，

它选择接受沸水的洗礼；

不时，

以由黑变红的躯壳，

致敬珍馐美味。

——巴特勒

龙虾选中等个头的最好，雄虾适合于水煮，而雌虾用来做酱最好。烧一锅水，按照 1 夸脱水 1 汤勺盐的比例放盐，待水烧开后，放入龙虾，根据虾的大小猛火炖 0.5～1 小时，撇去浮漂。捞出龙虾，将黄油或者橄榄油抹在虾壳上，掰下双螯，从关节处敲碎，这样的方法既保证了螯肉的完整，也方便于改刀。虾尾从中间切开，完整地取出虾肉。

牡　蛎

他猜到了，

铁盖下的黄铜器皿盛着美味；

他来到了海滩，扳开它闪光的外壳；

他甘于冒险，吃下这一口新鲜的牡蛎肉。

——盖　伊

对一般人而言，怎么剥牡蛎，剥开之后什么时候吃并不重要，但在饕餮们眼中，牡蛎却是美味与营养最完美的结合，只有将新鲜的牡蛎打开后和着汁水一口吃下肚才对得起大自然这份慷慨的馈赠。如果牡蛎不够新鲜，是怎么也体会不到这水中珍馐的精髓所在的。

炸牡蛎

沦为盘中餐的你，身形聚散。

其实，你就是你，无须当鱼。

——考　柏

做这道菜，要选用品质最为上乘的牡蛎。烹饪时，先就着牡蛎自己的汁水煮几分钟，捞出沥干，两面拍粉，裹上蛋液和面包碎，入热锅中炸至金黄色即可捞出。

还有一个更好的办法是取蛋黄打散，加入面包碎，少许肉豆蔻粉和肉豆蔻干皮粉，适量盐，搅拌成糊状，将牡蛎倒入鸡蛋糊中充分搅拌后捞出，入猪油中炸至金黄即可捞出，趁热食用。面包碎也可以用薄饼碎代替。

炖牡蛎

她忧心我们的味蕾，

她关切菜的味道。

我们可不担心她的喜好，

因为有牡蛎来撑腰。

——唐　尼

取1夸脱牡蛎，沥干汁水，另取白葡萄酒一杯、鳀鱼段一块、适量的白胡椒、少许肉豆蔻干皮和一把甜味香料，共同入锅，小火炖45～60分钟，取出甜味香料。取一汤勺面粉，同0.25磅新鲜黄油揉成团，加入锅中炖10～20分钟起锅。

装盘时，可配上几片炸面包和柠檬。如果想省点工夫，可以不沥去汁水，直接用盐、胡椒和肉豆蔻碎调味，最后加上点奶油、面粉和黄油以增强其层次感。

牡蛎三明治

它是食材原料？——不

成品？—— 不

它不被自己的头脚束缚

任香气从两端溢出。

——唐　尼

法式小面包切去两头，拍去面包屑，入清牛油，炸至金黄香脆，起锅备用。再取适量面包屑入锅油炸。将牡蛎剥开，洗净，连同汁水一起入锅，佐以少许白葡萄酒、柠檬皮碎、肉豆蔻粉、胡椒和盐，倒入适量高汤炖煮。炸好的面包抹上黄油，将炖好的牡蛎夹入面包中，同面包屑一起装盘上菜。

焗牡蛎

为何担心菜谱中无物，

极致美味都藏在了，

土地里，大海中，天地间。

——盖　伊

牡蛎连壳焯水后捞出，取出牡蛎洗净，滤出汁水备用。取一块黄油放入锅中加热，待黄油熔化加入适量面包屑，搅拌，直至面包屑将黄油完全吸收。将滤出的牡蛎汁倒入锅中，煮沸备用。取牡蛎壳，黄油抹底，然后按照一层面包屑，一层牡蛎的顺序码放，倒入牡蛎汁，再撒上一层面包屑，最后放上一块黄油，入荷兰锅烤制。

上述做法能够突显牡蛎本身的鲜味。如果喜欢辛辣口味，烹饪时可以用上凤尾鱼、番茄酱、辣椒、柠檬皮碎、肉豆蔻等香料调味。

肉 类

鹿 肉

感谢天神，赐我精美鹿肉

没有让它腐烂在郊野，

也不曾置它于盘中熏烤。

它健硕的臀牵引画家的笔，

它白嫩绯红的肉满足我们的口。

——戈尔德·史密斯

烤制鹿腰上的肉大概要 3.75 个小时。黑麦粉和水揉成面皮，盖住脂肪，烤制时不要让肉和火直接接触，期间需要不断地给肉刷油。鹿肉烤至 8～9 分熟时，揭去面皮。接下来就是制作肉汤：取 2～3 磅羊肉，切去肥肉，放到烤架上烤到一面呈焦糖色时，放入锅中，加

入 1 夸脱的水，盖上锅盖煮 1 小时，撇去浮沫，加盐，
大火收汁。

鹿肉馅饼

我本罪孽深重，所以不奇怪我会这么想；

我们早盘算用鹿肉烹制一顿晚餐；

什么？馅饼？

对！应该有，必须做一份！

我的妻子，亲爱的凯蒂，尤其擅长烤面饼；

我儿子好奇："妈妈，什么馅饼？"

我思索着，切分面饼时得留个角儿出来，

"对，得把面饼留出一部分不切，"凯蒂受到了启发，

"是的，面饼不能全切开！"我们异口同声。

取鹿脖子或胸上的肉，改刀切成肉排，用甜味香料、肉豆蔻粉、胡椒和盐一起腌制。放入黄油锅中过油后捞出。烤盘四壁贴上面饼，放入肉排，倒入半品脱鹿

肉浓汤，加入一杯波特酒，取半颗柠檬榨汁。没有时，也可以用一汤勺醋代替。用面糊将整个盘子盖住，烤制2小时，上菜前可再倒入一些浓汤。

烤牛肉

烤牛肉配红酒，

既能饱肚又享受。

——伯恩斯

取上好的小牛肉 15 磅，均匀切片，避免受热不均。将牛肉置于火前烤制，往接油盘中倒入适量油，待牛肉开始滴油后，每隔 15 分钟往肉上刷一层油，3～3.5 小时后，将纸撤走，把火扇旺。待到肉变为迷人的棕黄色，油也开始嗞嗞作响时，给肉刷一层黄油，撒少量的盐和适量面粉，继续烤制一段时间，装盘上菜。

慢炖牛肉

总之，我认为它就是人间至臻美味，

我见过中世纪最昂贵的珍宝，

却才知道法式料理和烹饪。

就好比我的爸爸仅知道书的作者和主题那般浅薄。

那些书名，眨眼工夫，他已烂熟于心，

我依旧费解，慢炖牛肉，同时也把土豆炖软了，这叫什么呢？

哦，酒店的大厨了如指掌。

别冲动，多利，我保证，主厨对食材深有研究，

熟悉到就像他们一生中就只吃过这些菜，

而其中一些菜，连神通机敏的精灵都没尝过。

至少，我无法用言语形容。

——摩　尔

选牛臀肉去骨，改刀成大块，放在提前用胡椒、盐、丁香、肉豆蔻皮和多香果腌制过的猪肉上，加入胡椒和盐腌制。向锅中放几片培根、适量黑胡椒粒、少许多香果、一两片月桂叶、两颗洋葱、一瓣蒜和一把甜味香料。将牛肉放入锅中，再在上面铺几片培根，倒入2夸脱清高汤，半品脱白葡萄酒。盖上盖，文火炖6～7小时。接下来的工作就是制作酱汁，取炖肉的汤汁，过滤，加入少许面粉和黄油增稠，再加入适量的大葱段，以及腌蘑菇。上菜前，浇在炖好的牛肉上。

烤土豆牛肉

葬礼上，烤肉饼凉了；

那就献给结婚的喜宴吧。

——莎士比亚

土豆入锅煮软，去皮，两颗一起捣成泥，加入牛奶和鸡蛋搅拌，加入胡椒和盐调味。牛肉切片(也可用绵羊肉)，用胡椒和盐腌制，根据个人口味加入洋葱。取布丁盘，用黄油抹底，然后按一层土豆泥一层肉的顺序铺放，最后用土豆泥封顶，入烤炉烤制 1 小时。

炖牛肉

取牛臀肉，去骨，两面拍粉，过油炸制后捞出。炖锅中倒少量水，半品脱淡啤酒，胡萝卜 1～2 根，插有丁香叶的洋葱一颗，胡椒粒适量，盐适量，柠檬皮一段，甜味香料一把，加入牛肉炖 1 小时后倒入适量高汤继续炖煮。待到牛肉炖至软烂，滤出汤汁。往汤汁中加入少量面粉增稠，取少许芹菜焯水，同少量番茄酱一起加入汤中熬制，后加入牛肉，锅烧开，上菜。

炖牛腰

爆炒后的腰子？

——淋上一杯香槟

——想象一下，迪克？

——摩　尔

新鲜牛腰放冷水中洗净，用布擦干，改刀切碎，撒上少许面粉备用。将适量黄油放入炖锅，开中火，待黄油烧热后加入牛腰粒，牛腰炒至变色后加入少量盐和辣椒，倒入少量水，一杯香槟(也可以用其他酒代替)，一汤勺蘑菇沙司或腌核桃。盖上盖炖煮，直至牛腰变得软烂，盛入带盖的盘中，趁热上菜。这道菜常见于早餐。

烤牛排

肉选用牛臀肉或勒眼肉。烤架提前洗净，火烧旺，将牛排置于烤架上，定时用烤肉夹翻面，烤熟后撒上一点盐，迅速装盘上菜。食用时，可以配上高汤和碎洋葱，装盘时也可以在肉上抹上一点黄油。上述方法同样适用于烤羊排。

苏格兰羊肚烩

你美丽的脸庞洋溢着诚实和惬意，

吸引了伟大的普丁族酋长；

他们将你请上餐桌，

用羊杂、牛肉和佐料填入你腹中

你饭前祷告的话就是幸运。

厨师的手臂很长，

他的刀映照出人们已准备妥当，

将你切得细如丝发，

把你那喷涌而出的五脏六腑挖出一条沟渠，

啊！多么壮丽的景色，

饱满肥腻的羊肚。

你们给人类以关怀，

用自己的美味丰富他们的菜单，

苏格兰人想要吃好奇的东西，

但是如果你们希望主妇感激你们，

给她一个羊肚吧。

——伯恩斯

羊肚洗净，羊杂煮至半熟时捞出，羊肝煮熟，肉放在火前烤干，煮熟的羊肝取半个磨碎，羊杂同牛肉、羊板油，以及小洋葱一起切碎，加入一两把干肉，将所有的食材混合均匀，在桌上摊开，用盐和香料调味。把刚刚用剩下的牛肉加入煮过羊杂的汤中，做成高汤，同其他食材一起塞入羊肚中，挤出空气，扎紧，放入水中炖煮。如果羊肚较薄，应在外面包一层布；如果羊肚较大，则需要炖煮至少 2 小时。

这种做法是苏格兰著名的厨艺大师麦克艾韦尔先生发明的。他生前一直致力于烹饪教学，并于 1787 年在爱丁堡出版了自己的烹饪教程。

腌牛肉

大权在握的英格兰舰队，

征战无数而屡博桂冠。

在闲暇之余，

会花时间腌牛肉？

会花心思熏猪肉？

桌上看似无佳肴，

厨师实已腌好牛肉，

厨艺佳技值得褒奖。

——金

腌制的盐需用岩盐，水用冷水，浓度要能浮得起鸡蛋，缸底要有少许不能溶解的盐。啤酒按照1英担[①]配

① 1英担=112磅=50.802千克。——编者注。

2 夸脱黑糖和 0.25 磅硝酸钠的比例。这样的腌料可以保存 10 天。将牛肉入锅，小火炖煮，直至骨肉分离，用一块毛巾将牛肉包紧，放置于重物之下，待其自然冷却。

腌牛舌

只有干牛舌才应该沉默。

——莎士比亚

牛舌去根，保留少许脂肪，撒上适量盐粒，晾晒一天。取一大勺盐、一大勺糖和半勺钾硝混合，均匀地抹在牛舌上，每天如此。一周后，再向其中加入一大勺盐，继续码制。如此方法两周即可腌好，如果不加盐，则需要腌制 4～5 周。腌好之后，可以按照自己的口味选择熏干或是晒干。烹饪时，放入水中煮约 5 小时，至软烂方捞出。如果牛舌太硬，需提前泡上三四个小时。

烤小牛肝

为每一块牛肝祈祷。

——戈尔德·史密斯

牛肝洗净擦干，在上面挖个深一点的洞，凤尾鱼剁碎，同面包屑、大量肥培根、洋葱、盐、胡椒、少许黄油、一个鸡蛋一起塞入牛肝，扎紧，抹油，用小牛的网膜包紧，上火烤制。可选棕肉汤、葡萄果冻作为配菜。

苏格兰牛肉卷

佳厨能制美味万千，

极致菜肴仅呈两道，

最妙乃苏格兰肉卷。

——金

将牛犊肉切成 3 英尺宽的圆形薄肉片，用擀面杖擀一擀，撒上一点肉豆蔻入味。鸡蛋取黄打散，将肉片浸入蛋黄液中后入锅炸至金黄色捞出。取少许面粉，加入适量黄油糅合，同一个蛋黄、两大汤勺奶油、少许盐一起倒入半品脱高汤中，搅拌均匀，同肉卷一起装盘。

炖小牛肉片

美食家们，

我其实很困惑，也很烦恼。

厨师小子鲍勃的食材配搭

和雷诺伊太太的形容，大相径庭。

玫瑰花瓣撒在牛肉片上，

鳗鱼和花环在盘中错落交织。

鱼须和肉片唤起渴望之光，

脑中浮现千种美味珍馐，

都是味蕾的自然存留。

——摩　尔

小牛肉去骨抹油，入锅炸至半熟后捞出，入炖锅，加入1夸脱白高汤，1茶勺腌柠檬和蘑菇沙司。炖好后捞出牛肉，向锅中加入黄油和面粉增稠，加入少许辣椒、盐以及适量腌蘑菇调味，加热混合，浇在肉上。提前准备好 36 个肉丸，待牛肉装盘后放入盘中，最后切几片柠檬加以装饰。

煮小牛头

桌上是什么菜?

独特的形状配之精美的设计。

听!主妇格拉斯正赋予它名:

唤醒味蕾的牛犊头。

牛头焯水洗净，入锅煮至骨肉分离，去骨，去脑花。将牛头肉放在两个盘子中压成形。取 4 颗蛋黄打散，加入盐、胡椒和黄油，搅拌均匀。待牛头冷却定型，刷上一层准备好的蛋液，拍上面包碎和欧芹碎，入炉烤至表皮金黄，上菜时配上黄油欧芹酱。将脑花切碎，加入少许辣椒、盐调味，浇上浓汤。

烤小牛头

此生何其有幸，

能尝尽小牛头的无限风味。

——申斯通

牛头洗净，焯水。去掉脑花，牛舌和骨头备用。取面包屑、板油碎、欧芹、火腿碎、少许牛头肉（鸡肉亦可）、适量盐、肉豆蔻粉、柠檬皮，打入一个鸡蛋，混合均匀，塞入牛头，扎紧。烤制 1.5 小时，期间需刷上足量黄油。剩下的填料捏成球状，向脑花中加入少量奶油、一个蛋黄、欧芹碎、少量胡椒和盐，牛舌焯水切片，同准备好的填料、脑花、薄培根片一起入锅炸制。

摆盘时，将牛头摆在炸好的牛舌和肉团中间，浇上浓汤，摆上几片柠檬加以装饰。

红烧野鸭

有餐刀壮胆的我们，何惧？

无须嘲笑这只盘中野鸭，

向浓汁野味和肉酱冲呀！

——摩　尔

野鸭烤熟，切下腿和胸脯部分，改刀切成片。将剩下的部分放入研钵，加入 6 根大葱、1 片月桂叶和少量胡椒，捣碎，倒入锅中，加入 1 勺高汤、半杯白葡萄酒、半杯肉汤、少量肉豆蔻粉，开火收汁。待汤汁减半，将其滤出，另取一锅，放入切好的肉片，倒入汤汁，放在炉上保温。

豌豆炖鸭

虽我知之甚少，仍愿奉上毕生所学。

享用美味之前，我将细述烹调之道。

先将鸭子整只包裹捆住，用黄油炸酥。

再将五花肉制成腊肉，熏香扑鼻。

随后将鸭子与腊肉一起放入长柄炖锅，

用勺子在锅里搅拌，在汤起了涟漪后，

倒入满满一勺面粉，倒入一夸脱净水。

放进二十个洋葱，再次轻轻搅动。

再放入一束香菜加一片绿叶蔬菜，两瓣大蒜。

然后加入豌豆，小火慢煮直至锅中发出噗噗声响；

然后将鸭子起锅，解开捆住它的绳子。

欧芹不能少，月桂叶也不能少；鸭子起锅后，按惯例加一点酱汁和胡椒粉、盐和其他常用调料。在这里，我无须详述。若你觉得味美，欢迎再次同我用餐。

荷兰烤鸡

尊贵的大臣，刀叉游走在佳肴珍馐间；
品尝着他自然界的朋友，飞禽和鱼类；
依次叫它们的名，如同细数律令条款；
“这盘烤鸡，荷兰东部的顶级美味呀！”

取适量面包切碎，板油改丁，重量约为面包的一半，洋葱一颗(或用煮芹菜和牡蛎代替)，适量胡椒、盐、柠檬皮碎，鸡蛋一个，搅拌均匀。选中等大小的仔鸡去胸骨，放入混合好的填料，盖上一张浸过黄油的纸，烤制半小时。其间制备面糊：取适量面粉、牛奶和鸡蛋，搅拌成糊。揭掉油纸，往鸡身上刷一层面糊，待面糊快干时刷第二层，如此往复，直至鸡身上的面糊呈诱人的焦糖色，装盘，配上热黄油和腌柠檬或浇上浓肉汁上菜。

煮火鸡

人类和被诅咒者竟对着火鸡祈祷，

让圣诞节减少其赎罪之日。

偶尔我们将火鸡和着牡蛎，

偶尔搭配美味猪肉一起吃。

无论是平民还是贵族，

烤火鸡是每个地区神圣的仪式。

——盖　伊

填料的制备：面包、盐、胡椒、肉豆蔻、柠檬皮、牡蛎几只、少许黄油、适量板油、一个鸡蛋。将填料塞进火鸡中，捆紧，入锅煮制。利用等待的时间制备酱汁。取少量牡蛎酱，加入黄油、一勺大豆、少许奶油混合均匀，待火鸡起锅后淋上。

辣味烤火鸡腿

有些菜肴的名称难称文雅，

比如，我们的厨师名其为“恶魔”，

他说：“恶魔可以幻化成许多形状，

比如甜美少女和英勇牧师，”

“当然，我会将它剁成碎肉，

毕竟，这是我的看家本领。”

鸡腿卸下，用刀在鸡皮上划上几刀，码上盐、辣椒和芥末，上火烤制，趁热上菜。

腌鸡

若是我的东家，他会对烤牛肉下手；

若是他那挑剔的太太，则会倾心腌鸡。

——盖 伊

鸡洗净放入大小适中的陶锅中，加入 1 夸脱白葡萄酒、适量盐、丁香、胡椒粒、少量葱，盖好改文火炖煮。

炸鸡肉丸

犹太人的主啊，野心勃勃，骄奢安逸，

无数美味珍馐在他的宫殿弥漫。

寻遍大地、天空和海洋的一切美味，

来满足他享受精致伪装的鸡肉丸盛宴。

——沃　顿

取鸡瘦肉，剁成泥，加入 2 勺奶油、4 个蛋黄。搅拌均匀后捏成核桃大小的肉丸，先裹一层面包屑，再裹上一层蛋液，最后再裹上一层面包屑，放入油锅中炸至金黄时捞出。

羊腿肉

将羊肉提至诗人面前，他们会皱眉，

但若把羊腿肉奉上，必将尊为上品。

——戈德·史密斯

将羊腿肉剔下，放入温水中，洗净血水。放入锅中，加入冷水没过羊肉，小火炖煮，撇去浮沫。9 磅肉大概要炖 2.5～3 小时才能炖软。

炖过羊腿肉的汤可以用来烹制苏格兰浓汤或是其他汤品。从这一点来说，羊腿算得上最实惠的食材。

火腿

可他忍受的痛苦在不断鞭策他，

若问食物制作之道，腌熏当领风骚。

——佚　名

若论挽救味蕾的神物，

当属威斯特伐利亚和比利时牛肉风味。

——金

制作火腿，选对天气即成功了一半。将猪腿晾晒3天。取1盎司钾硝、0.25盎司海盐、少量盐、少量粗糖、1夸脱烈啤酒，一起煮沸，趁热淋在猪腿上。条件允许的话，可以再加上1盎司黑胡椒和一点西班牙甜椒粉，风味更佳。之后的3个星期，每天翻动猪腿2次。根据个人的口味，可以给猪腿盖上一层麦麸，也可以在腌制 3～4 周后放到火上熏，火一定要大。后者是威斯特伐利亚风味，会让肉更有嚼劲。

烤野兔

火鸡和飞禽，火腿和脊骨

臣民们餐桌上的常客，

还有鹧鸪和野兔，

噢，集市上的奢侈品野兔，

瞧，主妇一边踩着华尔兹的轻快舞步，

一边细心地调制她的野味。

野兔放血后剥皮，穿上铁钎，码上马德拉酒，腌制时在肉上扎一些孔，好让酒能被充分吸收。腌好后，用面皮将兔子包住，上火烤制。

烤好后，拿掉面皮，立即刷上一层蛋液，撒上面包屑，再小心地浇上一层黄油，其间别忘了给兔子翻面。待表皮烤至酥脆金黄后，装盘。西班牙酱加入少许马德拉酒煮沸，浇于肉上，即可上菜。按照个人口味，腌制时还可以加上两三颗丁香增味。

烩兔肉

主厨们的烧鸡和野兔，
精挑细选求至臻精美，
每日接受清水之洗礼，
呈上王宫金殿夜宴上。
——劳埃德

兔子两只，洗净，改刀切成小块，入沸水，撇去浮沫，1 分钟后捞出。取炖锅，放入少许黄油，几块蘑菇，开火，待黄油熔化后加入 1 勺面粉，搅拌均匀，加入 1 夸脱高汤，待汤沸腾后将兔肉倒入锅中，转小火。水开后，加入 1 品脱热奶油，大火收汁。捞出兔肉，趁热向锅中加入 1 个鸡蛋黄，少许蘑菇和奶油，浇汁上菜。

鸟 类

烤野鸡

小鸟热爱自由，

天鹅需要治愈，

野鸡渴望在餐桌上出人头地。

——摩　尔

将牡蛎切碎，去头后备用，加入盐、肉豆蔻、蛋黄。冻火腿及培根切薄片，平铺在鸡身上。用涂满黄油的纸将其包好，放在烤架上烤制。

烤嵩雀

政治家的日常用餐，

因为有了红酒和嵩雀，

而洋溢着自然和天空的味道。

——考索恩

在嵩雀内肚放入一只牡蛎或少许黄油并加入少许面包屑。撒上面粉，串起放在烤架上烤制。涂上猪油或新鲜黄油，烤制 10 分钟即可。可将嵩雀制成饺子形状，加入薄薄的一层面粉和黄油，水煮大约 20 分钟。每一只都须用绳单独串起。

鸟鹬

你的陪审团，——他们不会关注餐桌上有什么，

但美食家们面前，怎能没有鸟鹬？

——摩　尔

无法拒绝鸟鹬，毕竟在“高品位”的爱好者眼里，这就是一种美味佳肴。将鸟腿捆住贴近鸟身，用铁串绑在火上烤制；烤一片面包，放在油盘上吸油；在鸟身均匀涂抹上黄油和面粉；将鸟身放在烤面包上；倒入少许牛骨肉汁，装盘。烤制需要20－30分钟。一些美食家格外喜欢半熟的鸟鹬。在猎捕鸟鹬之后，直接交由厨师处理，用火烤制后即可享用。

鸟罐头

“然而闻起来还是有鸟的味道。”老太太不悦，

于是，她在栅栏边架起锅，

旁边栏杆上一排乌鸦已排好队。

精心饲养的鸟类制成的食物有时闻起来并不美妙，制作时加入的黄油味过于浓郁，但通过以下方式处理，这些食物将一如既往地成为美味。大火将一平底锅清水煮沸，撇出表面黄油后，将鸟身依次取出，放入平底锅中，用水浸泡半分钟后取出，并用干净的布将其内外擦干；锅加热，依个人口味用豆蔻皮、胡椒和盐腌制后入锅，并倒入无水黄油，直至漫过鸟身。

烤云雀

“你说什么，小伙子？”

“云雀你烤熟了吗？”

——摩　尔

11月，正是品尝云雀美味的好时节。取出内脏，将云雀洗净并捆扎好，涂抹上蛋黄液，并裹上面包屑；放在专用烤架上，大约烤制10～15分钟；烤制过程中，均匀抹上新鲜黄油，撒上面包屑，覆盖整只。油炸碎面包，大火烤干直至变硬；将面包屑铺在盘底，并加几片柠檬装饰。

肥肝，即鹅肝酱，会蕴含更多的美味，这在斯特拉斯堡和图卢兹是一道知名菜肴。在《美食课程》中，就有鹅肝酱的描述，“剖出鹅肝，用火烘烤，狭窄的空间及高温将制成肥美的鹅肝”。

其他类

小牛肉填料

可怜如罗杰·弗勒，却有着高远的胸襟，

他从不允许自己停步不前，

但奇怪的是，

他只愿精于牛肉填料。

精心准备的填料一直被视为烹饪的重点。切碎0.25磅牛油或牛骨髓，0.25磅面包屑，2打兰西芹叶，1.5打兰[1]马郁兰或柠檬百里香、柠檬皮屑和香葱末，少许胡椒和盐；加入两个鸡蛋，揉捏入味。用烤串将填料填充在小牛肉里或用线将填料缝在小牛肉里。

① 打兰，英衡量单位，在常衡中，1打兰约为1.771克。——编者注。

五香肉丸

他承认，美食家们给了他一个生动的描述
——他的炸肉丸应该是什么样子。
——摩　尔

取等量的瘦牛肉和牛油，拍打后加入胡椒、盐、丁香、柠檬皮屑、豆蔻碎、西芹和香草末，少许葱、洋葱、面包屑、蛋黄，充分搅拌，捏成球状，然后用油煎炸。

馅 饼

孩子，请告诉厨师，

我钟爱把焖肉、松饼和馅饼，

用丝绒线装点出精致的摆盘。

——摩　尔

挞皮 0.125 英尺厚，用锡切刀切块(约装盘盘底尺寸)，放在带纸的烘盘上，将蛋黄均匀涂抹在挞皮上。将发酵好的面团揉开至 1 英尺厚，用锡切刀切块并放在挞皮上。取小两号的切刀，按压在面团中心附近；最上层淋上蛋黄，在烤箱中快速烘烤约 20 分钟，烤制成浅棕色即可；取出中间部分，保留最上层，装盘并存放在温暖的环境中。食用时，可搭配白汁鸡肉、兔肉、牛胸腺或其他任何主菜。热食。

牡蛎馅饼

一个胸怀壮志的人没有时间去思考美食，

可是如果已经拥有了美食，

还谈什么雄心壮志？

——布尔沃·黎塞留

牡蛎1夸脱，洗净沥干。小牛板油改刀切成片，加入白胡椒、盐、豆蔻皮、柠檬皮碎调味，均匀地铺在盘底，放入牡蛎，倒入牡蛎汁，再倒入两根骨髓，最后敷上一层面皮，入炉烤制约45分钟。

面包夹肉饼

诱惑的面包肉饼，

无法自持的食欲，

却让人甘愿沦陷。

——摩　尔

将面包棍改刀切成3英寸厚的小段，面包两头用小刀标记。将面包段放入清牛油中炸至金黄色后捞出，两两一组，将准备好的腊肠肉或蒸牡蛎肉夹入其中，装盘上菜。

奶油通心粉

田地里长出的通心粉，

散发出自然香浓的芬芳。

——摩　尔

通心粉煮好后捞出装盘，盘边用炸过的面包围圈，撒上面包屑，再铺上一层帕马森干酪片，淋上几滴黄油，入炉烤至金黄色。

松露

顶级美味都藏在了

大地，天空和海洋里。

那么，

为什么不带上菜谱去旅行呢？

——盖　伊

松露和蘑菇有点类似，属于真菌类，在法国和意大利分布广泛。一半埋在地下 8～10 英尺的地方，带有特殊的香味，是一种常见的食材。

从地下挖出之后，松露需要反复洗刷，如果烘干会造成松露香味的丧失。

蒸蘑菇

女神缪斯，请为他对巴黎的贡献而歌唱，

请为他亲尝蘑菇汤而歌唱；

蘑菇们也会听到。

——金

清汤1品脱，加入盐、胡椒和腌柠檬调味，加入油面团增稠。蘑菇洗净后改刀，撒上一点盐，入水中煮3分钟，捞出放进调好味的清汤中，入锅蒸15分钟。

酱 类

蘑菇酱汁

如果可以，

你做的烤芝士、烤火腿，

还有万能的蘑菇酱，

我都想尝一尝。

亲爱的读者，如果你喜欢这种口味，不妨跟着我一起来动手制作蘑菇酱汁。这是你搭配杂烩、蔬菜炖肉、汤、蔬菜肉丁等的美味开胃菜。蘑菇酱汁天然味美，比任何其他蔬菜汁都更为鲜美，而且可以完美地替代所有蔬菜汁。即便是加在清淡的汤里和即席的肉汁中，其鲜美的滋味也能刺激食欲，唤醒味蕾。

几夸脱酱汁可以代替少许肉，不仅为你节约时间，减少麻烦，还将为鱼、肉或家禽增加美味。以下是制作、提取蘑菇酱的最佳方法，这方法将在很长时间内为您保留蘑菇的美味。

9 月初即可开始留意。注意分类正确，收集新鲜蘑菇。成熟的蘑菇是首选。在深色容器底部铺上一层蘑菇，再撒上一层盐；一层蘑菇一层盐，静置 2～3 小时，盐完全渗透后，蘑菇就可以轻易磨碎。你可以借助于石臼研磨或直接用手。时间不要太久，静置几天后搅拌并每日细心研磨；将其放入一个石罐内，每夸脱加入 1.5 盎司黑胡椒和 0.5 盎司香料；封盖，放入沸水中煮至少 2 小时。

取出罐子，借助一个细网筛（不要挤压蘑菇）将汁水倒入干净的炖锅中，文火煮 30 分钟。继续煮沸，直到蘑菇汁还剩一半即可制成顶级酱汁。浓缩有几大好处：其一，更好保存；其二，体积减小一半；其三，你可以品尝未稀释的调味酱汁。这并不是什么复杂的方法，而是仅将水分蒸发。撇去杂质，倒进干净的罐或壶中；密封后，在阴凉的地方静置一天。尽可能轻柔地将其倒出（以免带出底部的沉淀物），借助滤布或厚绒布袋将其过滤，直至完全清透；每品脱酱汁加入一汤匙上好的白兰地，然后静置；一种新的沉淀物会出现，小心倒出，将酱汁装在1品脱或0.5品脱大小的瓶子中。这就更利于保存了，但须尽快食用。

尤其要注意的是，酱汁需要密封。如保存在阴凉干燥处，保存时间会较长；如密封不严并保存在潮湿处，酱汁很快就会变质。

可不时检查一下，在瓶口的后方投射一束强光，如有薄膜产生，加入少许花椒将其煮沸。

顶级酱汁

在美味的酱汁面前，

冷静和克制已不再是优点。

——沃　顿

红葡萄酒或波特酒、蘑菇酱汁各 1 品脱；0.5 品脱核桃或其他腌菜；4 盎司凤尾鱼末；1 盎司新鲜柠檬，切薄片；1 盎司洋葱，剥好切片；1 盎司辣根；香料和黑胡椒粉各 0.5 盎司；1 打兰辣椒或 3 打兰咖喱粉；1 打兰芹菜籽；均以常衡制称重。放入宽口径瓶中，密封后两周内每天摇晃瓶身。过滤（一些人认为添加了 1 品脱大豆或大量着色剂）后即可获得“美味的双重享受”。在厨师看来，这是他过往诸多尝试中的杰作之一。优秀的家庭主妇或淑女都可以自己制作酱汁。它本身带有鱼、野味、禽类或蔬菜炖肉的鲜味。虽口感并不会增强，但是所有的成分都有益于身体健康。

在无数的情况下，厨师可能需要制作酱料所必需的成分。不同的酱汁源自其独特的风味，将会产生极好的即时替代品。一大汤匙加入 0.25 品脱黄油酱或肉汤，只需 5 分钟就可以制成一道美味的酱汁，味同肉汁，鲜美可口，让您的味蕾来一次美妙的旅行。

薄荷酱

葛朗台在想，

给金条里加点薄荷酱，两者都会变得更值钱。

——摩　尔

摘半把嫩薄荷，洗净(还可以加两根西芹增味)，拔下薄荷叶，切碎倒入碗中，加入 1 茶勺糖、4 汤勺醋。密封 2 小时后即可。

蔓越莓酱

它是父辈们的最爱，

记忆中的晚餐，

总能见到它的身影。

——金

成熟的蔓越莓1夸脱，洗净，放入盘中，加入1茶杯水，开小火炖煮。其间，不停地搅拌，待果肉开始变软，果汁流出后，加入1磅白糖，继续炖煮至果肉软烂，倒入深口碗中，自然冷却。也可以倒入模具中，待冷却成形后上桌。

蔓越莓酱应该搭配烤火鸡食用。

随子酱

眺望海边，

越过集市的嘈杂，

捡起晒干的葡萄，崖边的刺山柑花，

味蕾随之被唤醒。

——戴　尔

1 品脱随子酱要用到 4 汤勺刺山柑花蕾和 8 茶勺醋。接下来，我来介绍一种当下流行的做法：将刺山柑花蕾分为 3 份，取 1 份切碎，加入 0.25 品脱黄油，搅拌备用。取适量西芹或龙蒿，焯水切碎，半颗柠檬榨汁，连同剩下的花蕾一起加入随子酱中。

蔬菜类

明媚而健康的春天啊！

万物在各个植物园里苏醒。

我只想和你，

食一顿健康而节制的素餐，

蔬菜出泥土而不沾染，浸酱汁而不浓腻，

多种酱汁入盘，会激起味蕾的舞蹈。

食欲不振为何物？我只知齿甘乘肥。

妙哉，食物的根予我以甜汁；

甚好，冰镇橙汁送我上青天。

草本植物伸展着它蓄势待发的枝叶，

花儿种子期待着在玉盘珍馐中升华。

饕餮盛宴，即将呈现。

——多兹利

挑选蔬菜时，应该选择大小适中的，这样大小的蔬菜口感娇嫩且富含汁水，口味也是绝佳。蔬菜的新鲜与否也十分重要，采摘后应该抓紧时间入菜。

蔬菜宜用软水煮，这样可以保存蔬菜原本的色泽。如果只有硬水，可以在水中加 1 茶勺碳酸盐。

清洗蔬菜时，一定要细心地洗去上面的浮尘、泥土和虫子。

焯水时，先把水烧开，加一点盐。一定要等水彻底沸腾了再下蔬菜，不然，蔬菜会失去原有的色泽和口感。待蔬菜开始下沉，就说明已经熟了，赶紧捞出来！装盘前，记住把水沥干。

小提示：烹煮蔬菜，对火候尤为讲究。

沙 拉

用厨房的筛子将两枚大土豆压平，使其光滑和柔软，

这样沙拉才会轻抚你的双唇，再加一汤匙芥末；

切忌先吃光调料，不然剩下的沙拉会味同嚼蜡。

所放盐量加倍，四勺卢卡王冠油足矣，

我想，比平时多放一倍的醋，才能调制出美妙风味。

继而将两个熟鸡蛋捣碎放进沙拉，方能谱出你餐桌的诗。

对了，安排几片洋葱潜伏在你的碗里，

不用怀疑，整个沙拉顿时让你醍醐灌顶。

最后，点睛之笔，倒入一勺凤尾鱼酱！

你即为这盘尤物发出感叹：玄之又玄，众妙之门。

若为垂危的隐士呈上这盘“草药”，

他会抬起疲惫的双眸，将手指伸入沙拉碗中，

食毕，重回他的世外桃源。

——列夫·西德尼·史密斯

如果把这些鲜嫩的蔬菜修切整齐，沥干，耐心地按照上述步骤调制成酱汁，那么，你就会成为出色的沙拉调料师。

洋　葱

洋葱，将灵魂禁锢在狭窄的针尖；

果汁，让灵魂释放于天地众生间。

它似撒旦，让王室贵族流泪，

它似塞壬，让丧偶妇妪痛哭。

然又何惧？生菜温柔的爱抚，

会让你安然入梦乡。

——金

洋葱1品脱，剥皮，放入水中备用。取一口锅，加入冷水，倒入洋葱，开火炖煮至软烂。根据洋葱的大小和鲜嫩程度，决定烹制的时间(30～60分钟内)。

洋　蓟

最是人间留不住，

甘蓝，洋蓟，花辞树。

——考索恩

冷水中洗净后，放入沸水中，加入 1 把盐，文火炖煮 1～1.5 小时，直至软烂。捞出改刀，淋上适当黄油，装入小盘中，方便客人取用。

利马豆

此刻，豆子的清香雕琢出珍馐的芬芳，

此刻，生命的绽放奏响了盛宴的乐章，

我欲侧耳倾听它欢快生长的故事，

洒脱的诗人已在我的餐桌旁吟唱。

——申斯通

这种豆子一般被视为最上乘的品种，一定要注意其采摘的时间，免得变老影响口感。制作时，先剥掉豆荚，在冷水中洗净，倒入热水中煮至豆子发软，沥水后加入适量的黄油。这种豆子不经霜打，保存得当时可以存放一个冬天：选择一个晴天，将成熟的豆子摘下。桶中先撒上一层盐，按照一层豆荚一层盐的顺序放好，放在通风干燥处。取用时，需先将豆荚放在冷水中浸泡一整夜，剥好的豆子仍需要泡在冷水中，直到烹制时方才捞出。

土　豆

如果说，

大葱是威尔士的象征，

黄油是荷兰人的至爱，

那么土豆便是爱尔兰的灵魂。

——盖　伊

要清洗的土豆不需要改刀或者削皮(除非土豆的个头过大)。将洗好的土豆，按大小分好，放进炖锅，加水没过土豆上方1英尺的地方。需要注意的是，煮其他食材需要加入足量的水，但煮土豆时切记水不能加得太多。大火煮沸，加入香薄荷，转小火煮至土豆里外变软。煮土豆的火切记不可太大，不然会出现土豆皮煮裂而里面仍然未熟的情况。土豆煮好后，要及时捞出，不然，土豆会失去口感。捞出土豆后，待其自然晾干即可。

也可以将土豆沥水放进锅中，在锅上覆上一层纸，这样就能起到保温的作用，也不会让土豆失去软面的口感。

如果用蒸代替煮，那就需要多一倍的时间来处理。

烹制的时间由土豆的品种和大小来决定。一般来说，大小适中的土豆需要烹制 15～20 分钟，要判断土豆煮熟与否最好的办法就是拿叉子戳一戳试试。

豌　豆

我知道你偏爱嫩豌豆煮芦笋，

那么晚餐，等等又何妨。

——金

煮好的嫩豌豆大概是蔬菜王国里最闪亮的一颗星。想要豌豆好吃，豆嫩、新鲜与即时烹饪三者缺一不可。豌豆采摘后，剥壳，洗净放入锅中，加入足量的水、1茶勺盐，煮至豌豆发软，捞出入盘，再铺上几片新鲜黄油。嫩豌豆煮制时间不超过半小时；如果是老豌豆，则要煮超过1小时。有些人还喜欢再放一小把薄荷碎，焯水后装盘。豌豆煮软后一定要及时捞出，不然会失去色泽。

大米

每一周的快乐，

来自英格兰豆或卡罗莱纳的大米，

在碗里忘情地跳舞。

——格兰杰

大米 1 磅，洗净入锅，加入 2 夸脱水，煮 12 分钟，滤水，置于炉前，不时用叉子翻动。待米蒸干后装盘上桌。

白萝卜

英勇的豌豆和大豆，

岂能不去赴萝卜的鸿门宴？

——盖　伊

白萝卜洗净，削皮入锅，加入水和少许盐，煮至软烂。上菜时，淋上一点黄油，也可以向水中加入1品脱牛奶、1小块黄油面糊增稠，再加适量的胡椒提味。

菠　菜

食肉者不可为之一：

暴食原罪不可触犯。

节俭力行当正道，

菠菜叶片就刚好。

摘新鲜菠菜，洗净。放入沸水中，加少许盐，煮大约 20 分钟，捞出，入凉水，一分钟后捞出放入炖锅，用木勺捣烂，加一点黄油、3 汤勺奶油混合均匀，趁热上菜。

芦 笋

晨兴赴集市，朝露沾我衣。

匆忙不足惜，精挑食材归。

稀禽与芦笋，但使合你胃。

——盖 伊

芦笋入锅，加水和适量盐，煮 20～30 分钟，芦笋根部变软后关火捞出。煮制的同时烤几片面包，将面包放入煮芦笋的水中轻轻地沾一下，铺在盘底，黄油入锅熔化，将芦笋放在面包上，一块面包上不要放太多的芦笋。

胡萝卜

几片胡萝卜，

当然能够安抚

被失败的沙拉气坏的他。

——库　伯

小心洗净胡萝卜上面的泥土，用干净的粗纱布去皮，根据胡萝卜的大小改刀成条，入锅煮制，春天的嫩胡萝卜煮 1 小时即可。判断胡萝卜煮好与否的办法也是用叉子戳一戳，试试胡萝卜芯是否变软。

大 葱

时间给胡萝卜染上了红，

给白萝卜刷上了白，

也给葱罩上诱人的绿意盎然，

所有美味食材，

既是视觉的享受，又是味觉的盛宴。

——格兰杰

大葱是厨房里不可或缺的一道食材，但极少单独成菜。这里介绍一种做法：大葱入锅煮制，3 成熟时捞出，沥干，备用。取适量的醋，加入盐、胡椒和丁香，将大葱放入调好的醋汁中，腌制一段时间后捞出，放入黄油中炸制。

香 料

园子里每一株喝着露水的植物，她都如数家珍；

没有华而不实的娇花，只有食用和药用的植物；

它们或在角落里沉默，或被簇拥其中掩没。

你瞧，成簇的罗勒叶，刺鼻的麝香草，

新鲜的香峰草迎风摇曳，明艳的金盏花向阳生长。

低矮谦逊的菌褶不敢攀高，我兴致高涨的没节奏歌唱。

——申斯通

保存香料是一门手艺活。植物的采摘首先要选在晴天，这样更容易保持其原有的色泽。洗净后切掉根部。放在炉前铺开，烤干。相较于自然晒干，用这种方法能够最大限度地保留植物的香味。注意：不要将它烤焦了。烤干的香料捣碎后过筛放入罐中，贴上标签，避光保存。

腌菜类

腌杧果

贵族们凭什么相信你的厨艺？

因为我有香槟，鱼子酱和杧果。

——金

杧果竖着切开，去掉核。芥末籽和蒜蓉混合，塞进杧果中，用绳将杧果扎好。取足量醋，加入胡椒、盐、姜，一起煮沸，淋到杧果上，连续四天。最后一天，需要在煮制醋汁的时候加入芥末粉和新鲜山葵酱，密封好后避光保存。其他水果也可以参照这个方法制作。

腌白菜

住在简陋的小隔间，心却时时被它填满，

牛脸颊肉炖腌白菜，

一口便是永恒。

——考索恩

选取大小适中的白菜 2 颗，掰掉外面一层的叶子后，用水洗净，用刀切碎，入锅，加入 0.5 磅盐，混合均匀后用绳挂起来晾 12 小时，放入罐中。取适量的醋，同浆果同煮，待自然冷却后倒入罐中。另取 1 夸脱醋，加入 3 小块姜，0.5 盎司胡椒、0.25 盎司丁香，加热煮沸，待冷却后倒入罐中，密封腌制。

果酱类

糖的处理

凡果酱者，盐为基，糖为柱。

口味纯正，颜色鲜亮和多种功效，

洁净须是优质制作的保证。

节俭如你，然去糟粕留精华。

若锅面畏浮云遮望眼，则除之而后快。

——格兰杰

于细微之处，

即便多出一点点也会显得多余。

——莎士比亚

块糖 3 磅；鸡蛋取其蛋清，加 1.5 品脱水，打散。将块糖敲成小块，放入洗净的铜锅，加水没过糖块，静置几分钟，开火加热，倒入蛋清。不断搅拌，直到糖完全溶解。水开之后，加入 0.25 品脱冷水，等水第二次开，关火。静置 15 分钟，仔细撇去浮渣，开大火收汁。

黑加仑果酱

他无心期待餐桌上其他的快乐，

鹿肉和果酱早已占据了他的心。

——库　伯

黑加仑采摘分拣后装入密封罐，炖锅加半锅的凉水，把密封罐放入炖锅，开小火炖煮半个小时。将果肉倒入滤袋，让果汁自然过滤，切勿挤压滤袋。将果汁倒入马斯林锅中，按 1 品脱果汁加 1 磅方糖粉的比例放糖，小火煮 30～40 分钟，这期间需不断搅拌，并撇去浮漂。倒入罐中，晾凉后用浸过白兰地的纸覆上罐口。

将果酱和白兰地或醋按照 1∶2 的比例调配，味道绝佳。

注意！所有果酱制作的方法都差不多，保存果酱的方法其实很简单——使劲放糖。此方法也同样适用于制作葡萄果酱以及覆盆子果酱。

苹果酱

一顿因水果和红酒而受欢迎的膳食，

其金色的葡萄，好似照耀在卡斯林山丘的阳光；

惹人爱怜的石榴、梨子，邂逅了最甜的苹果。

法国卡布尔的庄园里，一千个园艺手在雕琢精品。

——摩　尔

柠檬6颗，削皮榨汁，皮切碎，备用。酸苹果36颗，去皮切碎，入锅，加水漫过苹果，开火，待果肉煮软捞出，用网过滤。按1品脱果汁加1磅块糖的比例放糖，加入提前准备好的柠檬汁和柠檬皮碎，煮20分钟。其间，需撇去浮漂。

樱桃冻

昂贵的蜜饯，来自橙花，浆果和维斯纳樱桃。

想不想来一口？

——摩　尔

成熟的樱桃 2 磅，分拣洗净去籽。黑加仑果 0.5 磅，去籽。处理好后，将两种水果混合榨汁，过滤，加入 0.75 磅白糖、1 盎司明胶搅拌均匀，开火，加入 1.5 磅糖，煮一段时间，倒入盒中即可。

牛腿冻

道之如常，自然排斥留白；

胃之空白，故以轻食填之；

然珍馐配美酒，疲惫忧虑走。

盖世人饥饿时敏捷，果腹时迟钝。

4 条牛腿入锅，加入 4 夸脱水，小火慢炖直至骨肉分离，转大火，至汤水减半后关火，撇去浮漂，静置一晚。次日晨捞出牛腿和肉渣。取 5 颗柠檬削皮榨汁，2 颗柠檬皮切碎，白糖 1.5 磅，桂皮一把，肉豆蔻少许，雪利酒 1 品脱，白兰地半茶杯，一起入锅。取 10 个鸡蛋去掉蛋黄，打至发泡，放入平底锅中煮 10 分钟，倒入 1 茶杯冷水。倒入已在热水中消过毒的法兰绒滤袋过滤。

糖水菠萝

太阳的骄傲，非披着铠甲的凤梨莫属，

绝美的味道，使苹果般外表黯然失色。

——格兰杰

菠萝削皮，去芯，切片入锅。加入 0.5 磅白糖，搅拌均匀，上盖。待到析出的果汁将菠萝肉浸没，开火炖煮，直至果肉变软，关火。加入橘子酱，用勺子将菠萝肉碾碎，冷却后倒入平底锅，用纸封口。

蛋类

煎蛋饼

虽然美食带给我诸多罪恶，

虽然贪吃女巫的黑魔法不再有效，

却仍情不自禁爱着这片土地，

在这片神奇的地方，

我们学到了 685 种鸡蛋的烹饪方法。

——摩　尔

鸡蛋数个，打散。加入适量的盐和欧芹碎，按个人口味加入香料调味，用力搅拌均匀，备用。

洋葱适量，切碎成丁。锅中加入黄油，开火熔化，倒入洋葱丁，待炒出香味后倒入蛋液，摊成圆饼，饼熟起锅，期间切勿翻动。上菜时，将炸过的一面朝上，更能激发食欲。

荷包蛋

但你能拿我怎么办？

毕竟与二十人同用餐食，

其中两人与我口味大相径庭，

一人热爱鸡翅，一人中意鸡腿。

听说人们把蛋打碎倒进锅中煮熟，

我喜欢吃这种荷包蛋，

满足我这种食客的胃还真是个难题，

毕竟萝卜青菜，各有所爱。

——蒲　柏

有经验的人，在煮荷包蛋时不会挑选刚下的蛋，而是选用前几天下的蛋，因为刚下的蛋蛋清过清，不易成形。荷包蛋的灵魂就在于包裹在半透明蛋白里流动的金黄色蛋黄，用一个字来形容就是“嫩”。

烧一壶水，倒入炖锅，到一半的位置即可。将鸡蛋打入杯中，备用。当锅中水烧开后，关火，小心地把鸡蛋滑入锅中，待蛋清成形，开小火，水开即成，小心捞出，放到吐司片上。

煮鸡蛋

每逢宗教节日，圣蛋从不缺席。

但她对鸡蛋的野心，从来就不是烘烤。

——乔　叟

这道菜要用到的鸡蛋越新鲜越好。鸡蛋沸水入锅，溏心蛋只用煮 2 分钟（如果鸡蛋是刚下的，那时间还需要短一点），煮 3 分钟蛋黄就开始凝固，如果是用来做沙拉，则需要煮 10 分钟(刚下的鸡蛋需要再多煮 30 秒)。

煎鸡蛋

如果你有煎蛋，香草和油橄榄，

我们仍会见证经典简餐的延续。

如果嫌弃家里一成不变的晚餐，

准备好食材自己亲手实践一番。

——蒲　柏

鸡蛋煮至全熟，切片，入锅炸制。这道菜可以作为烤鸡肉的配菜，放在开胃菜之后。

鸡蛋面饼

如果你不懂行话，别去法国，

若你去了，保准你会后悔。

你会像傻瓜似的挨饿，如木乃伊一般沉默。

你孤独地站在异乡，在鼎沸人声中淹没。

你必须将每道细节都做上记号，

你的思维像高速运转的电报。

如果你想要面包，则以咀嚼示意，

如果想要鸡蛋面饼，双手压合又模拟鸣叫。

面包屑半把，同少量奶油、糖、肉豆蔻一起放入炖锅，待奶油被面包屑完全吸收。打入 10 个鸡蛋，充分搅拌，开火摊成饼。

鸡蛋松糕

在他发怒之前，

请将鸡蛋松糕放到他面前。

——多　恩

柠檬 1 颗，榨汁。鸡蛋 8 个，蛋黄蛋清分离，蛋清置一旁备用。蛋黄中加入一勺水、适量的糖，同柠檬汁一起搅拌均匀，入锅炸熟后入盘。取一半蛋清，加入适量的糖，打至发泡，均匀地涂抹在炸好的鸡蛋上，入烤炉烤几分钟，出锅。

甜品

千层酥

一口千层酥让我变得愉悦，

现在雨过天晴，一切都好了起来。

——摩　尔

取等量的黄油和面粉。将面粉分成 2 份，黄油分成 3 份。两种食材各取一份，加入足量的水，揉成圆团，用擀面杖擀成薄皮，抹上一层黄油，撒上面粉，将面皮对折，再重复刚才的步骤。制作的时候要注意两件事：其一，案板、擀面杖上都需要不断地撒上面粉，避免与面皮粘住；其二，尽量避免用手直接触摸面皮。

金字塔派

揉面团带动你手指关节的律动，

你的肌肉也在探索深层的力道，

软面团的纤维增加，让生面团成了形，

因此，你期待众人由衷的赞扬。

当然，你的手指从此会变得更有力量，

你对面团的考究也为派增亮了色泽。

——金

制作这种派需要用到厚度为 0.25 英寸的酥皮，改刀切成 5~7 根首尾相连的酥皮条。除派底和派顶的两块酥皮外，其他的酥皮从中间切开。将酥皮放入黄油打底的烤盘中，入炉烤至金黄取出，将酥皮摆成金字塔的形状，每块酥皮上放上不同的水果，顶上再放上一整颗用桃金娘装饰的杏子即可。

水果派

如果派的底面不是藏着香甜，

谁会关心派的背面长什么样！

——金

家里吃的水果派用一般的派皮就可以制作。黄油和面粉的比例为 1∶2。桃子和葡萄干需要事先去核，对半切开。樱桃只能选熟透了的红樱桃，去核。苹果改刀切成薄片，加上点柠檬皮风味更佳。苹果肉质较硬，需要提前入锅蒸上几分钟。所有的食材洗净沥干后用小刀切成碎，加入足够的糖。如果所用的水果汁水饱满，制作时可以在派底放一个小茶杯，把水果沿着茶杯摆放，这样的好处是水果的汁液会流进茶杯里，不会溢到派边。切碎的水果应该摆在派的中间，这样派就能呈现出一种好看的圆顶状。

派皮需要提前用叉子扎出几排小眼，边上则要用小刀压好。如果没有等提前蒸过的水果放凉就放进派里，烤出来的派分量会很重。如果派是做成贝壳状，那么一定要预先将水果蒸一会儿，因为这种形状的派烤制时间更短。入炉前，记得给派撒上一层糖霜。

肉馅饼

作曲家说，关于圣贤之子和狡黠之人的争论，

他既不同意也不否定。

因为他的心思只在肉馅饼上，他只为它辩护。

他亲切地盯着它，

所能做的努力就是让音符在圣诞派上舞蹈。

取牛肉2磅，切碎(亦可用牛舌或是牛头肉代替)，焯水放凉。2磅牛板油改丁，苹果4磅切丁，无籽葡萄干2磅切碎，黑加仑2磅洗净，晒干，糖粉2磅，白葡萄酒、白兰地各1夸脱，1酒杯玫瑰水，2盎司肉豆蔻粉，0.5盎司肉桂粉，0.25盎司肉豆蔻干皮粉，1茶勺盐，2个大橘子，半只佛手香改刀成条，将上述食材放入石罐中，用纸密封腌制。制作时，还需要再加入少许葡萄酒。

葡萄干布丁

被盛宴和快乐吸引过来的美食家们，

有个好消息会让你们眼前一亮，

古老的圣诞节来了，开门迎幸运，

即使罪不可赦的老鼠也应加入饱食的庆祝。

来吧，孩子们，欢迎前来享用主食，

葡萄干布丁，鹅肉，腌鸡，肉馅饼和烤牛肉。

厨师们日夜奔忙，

一边烘烤一边炖煮，只为美味和快乐准备丰盛菜肴，

酿造啤酒，麦芽酒和葡萄酒。

瞧，宴席管家取来了主食，

鹅肉，腌鸡，肉馅饼，烤牛肉和葡萄干布丁。

——古老的圣诞颂歌

取1磅牛板油，处理干净后切成小块。准备1磅黑加仑，洗净，晒干，裹上面粉，1磅去籽葡萄干，1磅块糖磨碎过筛，1磅面粉，8个鸡蛋提前打散，将上述食材混合均匀，加入2杯白兰地、1杯葡萄酒、1杯玫瑰水、适量的佛手香、肉豆蔻和肉桂粉，搅拌均匀，取一个布袋，撒上面粉，将准备好的食材倒入袋中，扎紧袋口，放入沸水中煮4个小时。酱汁的准备，取0.25磅黄油，打至发泡，加入0.25磅过筛块糖粉、少量葡萄酒和肉豆蔻粉，混合均匀。

可可布丁

不管顶级的派变成什么，

相信内德，

他有让食物起死回生的能力。

——摩　尔

可可豆 0.25 磅，冷水中洗净，晒干，研磨成粉。黄油 3.5 盎司，糖粉 1 磅，充分搅拌，加入 1 茶勺玫瑰水，一杯葡萄酒和白兰地混合液。鸡蛋 6 颗，取蛋清打至发泡，倒入备好的黄油，加入可可粉，用力搅拌。取烤盘，酥皮打底，倒入混合好的食材，烤制半小时出炉，待冷却后撒上糖霜。

苹果牛奶布丁

庄严如伦敦纪念碑，昂首挺姿向苍穹；

严谨如虔诚者巴兰，知礼守时善节俭；

一诺千金淡言财富，苹果布丁敬上帝。

——蒲　柏

鸡蛋2个，打散。加入牛奶1品脱、面粉3～4勺，搅拌后倒入烤盘。苹果6－8个，削皮后放到和好的面糊中，入炉。

麦粉布丁

领域和性格的差异让人们为你取名不同，

温和的国度叫你玉米菜肴，

但在法国及当地不同地区，

宾夕法尼亚人叫你浓粥，这名字让我尴尬！

因为所有这些名字，都配不上你的真实身份；

我年幼时就熟知你，你叫麦粉布丁！

男性长辈通常将你放置于柴火上蒸烤，

他们不顾你炙热的呐喊，

把淌着滚滚热水的大锅架在火上，

倒入并将粉状玉米煮沸，不多时便起锅，

倒入牛奶冷却，一顿甜餐即将呈上桌。

没有精雕装饰，没有刀切碾碎，

石制盘碟会损你娇形，光滑勺子会送你入口；

品尝如一门艺术，小块蘸酱味更丰；

将你入碗保存呈上，让你成为美味的骄傲。

麦粉布丁，清晰诱人的名字；

于美国人而言，你的名字响亮有意义；

但于我而言，你是我纯洁味蕾的延续，

因为我们都拥有纯粹的心和味觉。

——巴　洛

约克郡布丁

厨房桌子发出壮烈的吱嘎声，
在烟熏牛肉的切割下它的生命无限延伸；
厨师操着刀切下一片片绝望的牛脊肉，
一边谈论着英格兰永不衰落的荣誉，
国家的荣誉赋予他们满身活力，
或拿起约克郡布丁不时嚼上几口，
如果胃的悲歌偶尔允许布丁讲述，
那一定是日不落帝国对永恒光辉的追求。

——汤姆森

请记住，这道菜是烤牛肉的绝佳配菜。

面粉 6 汤勺，鸡蛋 3 个，盐 1 茶勺，牛奶 1 品脱，混合均匀。将牛肉烤制时滴下的油趁热和到面团中。烤制时，要注意两面受热均匀，1英寸厚的面团需要烤制约2小时。烤好后，将牛肉铺在上面。这道菜的精华在于布丁吸收了烤牛肉的肉汁，因而带有牛肉的香味。

牛油布丁

光阴轻抚小城，此刻巴兰先生聆听着鸟吟虫鸣，

沉浸在有趣的阅读里，仿佛世界只有他；

厨房传来妻子的柔声呼唤，

“亲爱的，牛油布丁好了。”

——蒲　柏

牛油 0.25 磅，面粉 3 汤勺，鸡蛋 2 个，牛奶 0.5 品脱，姜粉少许。牛油切丁，用擀面杖擀碎，加入面粉揉制成团。鸡蛋打散，加入牛奶，加入面团一起混合均匀。开火烧水，水开后将面团放入提前湿透的布丁布袋中，入锅，煮 75 分钟。格莱斯太太曾说过：“水烧开，布丁入。”

燕麦布丁

麦粒去壳后取两磅，倒入足够的鲜牛奶将其淹没，

取八盎司晒干的葡萄，去籽，

或精选同等数量的无籽葡萄干，

再取至少一盎司的牛脂，切成均匀的薄片，

打六个鸡蛋倒入，刚从鸡窝捡出来的新鲜蛋最佳，

然后加入盐和香料进行充分搅拌，

你确定这份斜纹状的布丁是麦子制成，

你便可以和农场主一样享用天然燕麦布丁，

因为这份食谱是由农业专家哈默独家提供。

夏娃布丁

如果你想做好一份布丁，请仔细听我说：

准备六个鸡蛋，同时买足够的水果，

将水果皮削干净，切碎，取用至少一半入锅；

取用六盎司的面包，去掉面包皮，将其磨成面包屑，

为避免磕坏你牙齿，破坏了品尝美食的愉悦；

挑选合适的葡萄藤上的无籽葡萄六盎司，

放入六盎司的糖，将甜度调至适中，

加入一点盐和肉豆蔻会使味道更美，

入锅煮三个小时，期间不要搅动，

糖和黄油不可少，不然亚当也不会喜欢。

——佚　名

夏洛特苹果布丁

夏洛特，第一次用苹果制出了派；

这道苹果布丁，则依然以她命名。

苹果虽是正常生长，若加白糖焖煮，

配以黄油，美味布丁才会历久弥新。

——金

法国瑞雷特苹果 15 个，削皮，去芯，切碎。放入坚果，加入适量块糖粉、少量肉桂粉和柠檬片碎、2.5 盎司黄油，大火煎炸 15 分钟，在这期间需不断搅拌。将面包改刀成条，围住整个盘子，将炸好的苹果放入盘子，抹上一层杏仁酱(橘子酱也不错)，再铺上一层苹果，淋上黄油，让苹果能够浸泡在黄油中。放入炉中，烤制 1 小时。

面糊布丁

节俭之人有高尚灵魂者，是爱友之人；
他知道在何种场合施以正确的慷慨；
朋友类型决定礼物的价值；
朋友不吃瘦肉，他便给他带来一块肥肉；
朋友若是牧师，他便会给他带一份布丁；
对于奶酪，比如他会买萨福克人的；
但如果是制作面糊布丁，他希望是斯蒂尔顿奶酪。

——蒲　柏

布丁袋抹上黄油，撒上面粉备用。取 6 盎司面粉，加入少许盐，3 个鸡蛋，倒入适量的牛奶，搅拌均匀，然后倒入布丁袋，扎紧袋口，放入沸水中煮 90～120 分钟。淋上葡萄酒酱，上菜。

苹果布丁

漫步小溪畔，冲浪急流上，

于遮天蔽日的丛林中探险，

乳浆和水饺，助你永不疲劳。

——斯马特

取 6 个大苹果削皮去核，塞入丁香和柠檬皮碎，用面团封口，用布网装好入锅煮 1 小时捞出，再在顶上开一个小口，倒入 1 茶勺糖、少许新鲜黄油，再用酥皮封口，撒上糖霜。

蜜饯馅饼

若流淌的历史长河是一部生活记录史，
美食家的豪华居所丰富膳食令人欣羡；
凡珍稀食材，他必邀请修女共进晚餐；
种类丰富，尤属点心坚果水果和蜜饯。

蜜饯改刀切碎，入锅，加入少许黄油、柠檬皮碎和适量牛奶，开火加热，待油热倒入面粉，搅拌成糊，关火。取 8 个鸡蛋，分 4 次加入。待面糊冷却后，造型，撒上糖霜。

馅饼

我想我嗅到了馅饼的味道，

香气席卷了我的味蕾，勾起了我的食欲。

——盖　伊

取保存在白兰地中的杏仁 1 打(亦可用其他水果代替)，沥干。包入事先浸过水的薄饼，备用。锅中加入 1.5 杯水、适量的盐、2 盎司鲜黄油，开火，待油热后，加入面粉，搅拌成糊，倒入容器，将准备好的杏仁放进面糊，入锅炸制，装盘，撒上糖霜。

冰激凌

梦中徜徉于安乐乡，

极乐世界的一切都令人向往。

冰雹降临时，吃着夹心糖，

大雨落下时，喝着葡萄酒，

大雪纷飞时，人们吃着冰激凌。

——摩　尔

这里的冰晶莹剔透，坚固结实，永不消逝。

在酷暑里融化，在严寒中凝固。

——沃　勒

取柠檬1颗榨汁，1夸脱全脂奶油放入宽口盘中，加入0.5磅块糖粉，搅拌均匀，过滤。倒入罐头，盖上盖，放入冰桶中，冰上撒盐。注意别把盐撒到奶油里。

当罐头边上的奶油开始结冰后，用勺子把它们刮下来，搅拌，并倒入柠檬汁（也可以倒入1品脱草莓汁或覆盆子汁），待完全结冰后，取出罐头，用温热水冲一冲罐头壁，将冰激凌倒入杯里。冰激凌化得很快，所以别太着急取出罐头。

如果想给冰激凌做点造型，可以把奶油倒进模具里。冰激凌中还可以加上一些甜杏仁和苦杏仁。杏仁的处理方法：提前焯水，同少许玫瑰水一起磨碎，等奶油开始结冰时慢慢加入。

生奶油

牧师爱布丁，乡绅喜野兔；

生奶油是令她丰盈的食物；

一旦爱上，

腌鸡野兔牛肉和布丁，

便无处安放。

——盖　伊

取1夸脱生奶油，加入适量块糖粉和用柠檬皮入味的方糖(橘子皮亦可)。当然，也可以加入橘花水、玫瑰水或草莓汁。这个口味可以自由发挥。搅拌均匀后倒入盆中，打至发泡，过筛。筛出的奶油再次打泡过筛，倒入盘中或玻璃杯中保存。

蛋奶冻

若在烤牛肉的晚宴上，
蛋奶冻永远不会让你失望。

生奶油 1 品脱，加入 5 枚蛋黄，打散。取 1 品脱牛奶，加入柠檬皮、桂皮，加热，待香味飘出，加糖。将刚刚煮好的牛奶倒入奶油锅中，充分搅拌。开火。注意火候，不要烧开，全程沿着顺时针方向搅拌。关火后，往锅中倒入一大勺桃子水、2 茶勺白兰地(少许果酒亦可)。如果希望奶冻更稠一点，可以用 1 夸脱奶油代替牛奶。

橘子奶冻

因为搭配多汁凤梨和橘子奶冻，

美食家们才有兴致，

品尝脆嫩的香瓜和甘甜的葡萄。

——琼　森

橘子 10 个，榨汁过滤，加入适量块糖粉，入锅加热，撇去浮漂，放凉后加入 10 个蛋黄和 1 品脱奶油，倒入炖锅，文火加热收汁，关火装杯。

蛋奶冻和奶油

在她的考究的菜谱里，莫过于冷凝奶油或奶冻，

奶酪蛋糕或奶油葡萄酒，这世间顶级的美味；

酒神权杖已点亮，美酒狂欢即刻享。

——多兹利

将2个鸡蛋的蛋清、2汤匙覆盆子或红醋栗糖浆或果冻搅拌1小时；把它做成任何形式的蛋奶沙司或奶油，堆积在一起，可以把它装饰在奶油上。

杏仁奶油

果仁破壳留下的芬芳，

她用美味的奶油赶走生活的忧伤。

——米尔顿

取 6 盎司杏仁，焯水沥干，倒入少许玫瑰水，磨碎备用。另取 1.5 品脱奶油，同少许柠檬皮一起煮开，倒入杏仁碎，混合均匀，最后加入 2 个打散的鸡蛋，小火加热，搅拌收汁。加入适量的糖，待奶油冷却后再倒入一汤勺橘花水(玫瑰水亦可)，搅拌均匀。

其他类

酵 母

如果没有酵母，与垂老之躯何异；

进食也会带着罪孽和怨恨，

酵母上桌，做最真的自己。

土豆1打、啤酒花2杯，放袋中，隔水加热。待土豆熟透后，加入一杯盐、一大勺面粉，将开水倒入袋中，静置。待水温降至常温，加入一勺老酵母，将袋口系上，放在炉边，直至发酵。

面　包

他的健康餐里必有全麦面包。

——库　柏

透过这位平民君主，我看见健康的女仆，

她们学会了熟练地转动机轮，

她们会用发酵的小麦做面包，

小麦让她们健康，让她们专业。

——多兹利

她的烤面包注定成为考究食谱上的诱惑，

纵然理性如旅行者，

皆因面包而囊中羞涩。

——库　柏

就像这极致的面包诱惑，

那也是关于鱼，肉，蛋奶冻，麦芽酒和精酿葡萄酒的故事，

葡萄，凤梨和蜜桃，

它们代表着每一种口味，集万千风味于一身。

——洛维·朗德

面粉6磅，过筛。加入1盎司盐，约0.5盎司新鲜甜酒糟，以及适量的热牛奶，揉制成团，撒上少许面粉，静置15～20分钟。将面团放入深口锅，盖上毛巾，放在炉前，发酵约1.5～2小时。

将发酵好的面团切片，再揉制8～10分钟，为了不让面粘板，需在揉制时撒上面粉。将揉好的面团放到烤盘上，注意留出间隙。用小刀在面团表面划出几道浅口，静置几分钟后入炉烤制。

黑麦玉米面包

这一年她封存了葡萄酒，

这一年黑白两色是她愉快的乐章，

牛奶加黑面包开启一天的欢乐，

炭烤熏肉薄片给她风味诱惑。

——乔　叟

黑麦 2 夸脱，过筛；玉米面 2 夸脱；混合均匀；倒入 3 品脱热牛奶，2 茶勺盐，用力搅拌，待温度降至室温，加入 0.5 品脱新鲜酵母粉(如果是新鲜酒糟，酌情减量)，揉搓成团，放入锅中，用事先浸过热水的布盖住面团，放在炉边发酵。待面团表面出现裂纹，将其切成两条，入烤炉烤制 2.5 小时。

黄　油

容器之大能纳百川，能制黄油。

勤快巧手先洁罐如新，再将大小容器放好备用，

将白色鲜奶倒入容器中，静置数小时。

清晨，亲爱的帕蒂

从甜美的睡梦中睁开双眸，就急着去加工她的奶制品，

她从宽口容器的表面撇去漂浮的奶油，

用搅奶器拌匀黏稠的乳脂，

虽然手酸了，气力用尽，但她依然坚持搅拌，

好似乡下劳作人家，

急切地去获取乡下家庭妇女般谦逊的名声和赞美。

持续的搅拌很快将乳脂分隔成凝固的油脂，

巧妙地将新生成的奶油提炼出来，堆放在容器中。

最后，将清澈的泉水倒进平顺光滑的容器中煮沸，

再将刚刚的凝成物放至沸水上方，遇热后和加热后奶油熔化分层，

取出后挤压形成金色的块状，分散撒上几块或几磅佐料，

这块嫩滑齐整形状的物质，就是黄油。

——多兹利

茅屋芝士

她倒入的牛奶，还萦绕着奶牛身上的余温。

她又将酸果汁灌入洗净的小牛胃里，

使其发酵凝结，

随后，她摊开双手压住凝乳，

直至它变清澈和稀薄。

——多兹利

取 3.5 品脱奶油和 0.5 品脱牛奶，共同加热，倒入少量凝乳，放在温暖的地方，盖上盖，待其凝固。将凝乳倒入带孔的模具中(什么材质都行)，放置约 1 小时，滤干水后装盘，撒上糖粉，再倒入一些纯奶油。

甜 点

荞麦饼

亲爱的主妇们，请用一夸脱的麦粉

将荞麦块搅拌混合；

把水倒入锅中，注意水不要太烫；

用手把麦粉均匀下到锅里，

煮沸过程中它会不断地增厚，记住，不要中途关火；

用勺子迅速搅动，使其发出与锅碰撞的哗啦声。

揭锅，哇哦，美味的面糊白到发光！

接下来继续操作：

先把勺子放在碗柜上冷却。

45 分钟之后，你会感受到沸水中粉末溶化成了泡沫，其力量在不断聚集上升，能让珍贵的盛宴闪闪发光。

瞧，泡沫上升，快从锅里溢出来了！

快！用勺子把它搅拌下去；捞出锅，让它保持不变。

等把长柄锅加热到你要求的温度，再将它下锅，

为防止木炭烧得太旺，没有烟往外冒时再添煤炭；

直至将锅底烧红，再轻轻地将板油放进去；

接着把面糊倒进去，好香呀！

亲爱的同人们，我可不好管闲事，

但你们一定要轻轻地抬高锅的边缘；

随后快速不停地翻动，好了，完成！

出锅后把它盛在盘子里；

将冒着热气的荞麦饼盖上黄油，

相信我，这道菜足以让你无法自拔！

玉米饼

于弗吉尼亚是荣光一耀，

咬在嘴里则是幸福一笑，

荣光与幸福皆似阳光照耀，

就像上面焦糖色的纹路道道。

——巴　洛

取1夸脱玉米粉，一把小麦粉，过筛，混合，打3个鸡蛋，加入2汤勺新鲜的啤酒酵母(亦可用发面酵母代替)、1茶勺盐、1夸脱牛奶。

松饼

我的朋友，就让我来猜一猜，

哪块蛋糕才是你的最爱。

——阿姆斯特朗

取1品脱热牛奶，0.25品脱淡啤酒酵母，过筛入锅。倒入适量面粉，混合成糊状，盖上盖子，放置在温度较高的地方，待面糊发酵膨胀，加入0.25品脱热牛奶、1盎司黄油，揉均匀。再加入足量面粉，揉成面团，盖上盖子发酵1.5小时。将面团切成小坨，擀成圆饼。发酵15分钟后，入炉烤制。

薄煎饼

她脸上的骄傲，

都写进了面粉的创造，

蛋糕的陨落，煎饼的升华。

——申斯通

取 3 汤勺面粉，打入 6 个鸡蛋，再加入 3 汤勺白葡萄酒。取 4 盎司黄油，入锅中加热后冷却，倒入面粉中，加入等量块糖、2 盎司肉豆蔻粉，以及 1 品脱奶油。揉成团，擀成薄片，放入锅中煎烤。

葡萄干蛋糕

就像块小小的酥饼，

上面撒着粉色的冰。

匆匆一眼，

便是万年。

——斯威夫特

取2磅无籽葡萄，洗净滤水，用毛巾擦干，放在火炉或者阳光下晾晒。再取2磅去籽葡萄干，对半切开，撒上面粉，待洗好的葡萄晒干后撒上面粉，备用。

接下来的任务是准备香料，取2汤勺桂皮，2汤勺肉豆蔻，磨碎后混合，加入一大杯葡萄酒和白兰地，再倒入一杯玫瑰水。取枸橼1磅，改刀切丁，面粉1磅过筛入盘，糖粉1磅过筛入陶锅，再向其中加入1磅黄油，搅拌。如果气温过低不好搅拌，可以先放在火边加热。搅拌均匀后再加入奶油。打 12 个鸡蛋，倒入陶锅中，加入面粉，用力搅拌，逐一加入准备好的香料和料汁，将葡萄干和葡萄依次倒入，用力搅拌 10 分钟，备用。

用浸过黄油的纸垫在烤盘底部和四周，按照一层面糊一层枸橼丁的顺序倒入，最后再倒上一层面糊。

根据食材的多少，烤制 4～5 小时。入冰柜冷却一天。

拉斐特姜饼

去兰斯美食国的路上，

除了等待加冕的国王，还有制作姜饼的你。

——摩　尔

鸡蛋 5 个，红糖 0.5 磅，新鲜黄油 0.5 磅，糖浆 1 品脱，面粉 1.5 磅，姜粉 4 汤勺，桂皮 2 大根，多香果 36 颗，丁香 2 打，柠檬 2 颗榨汁，皮磨碎待用。将鸡蛋用力打散，加入面粉搅拌均匀，倒黄油，红糖同奶油一起搅拌，倒入糖浆，再将姜粉和香料一同倒入搅拌。

最后，将柠檬汁和柠檬皮碎一起加入，搅拌至面糊松软起泡。取出陶锅，黄油抹底，倒入面糊，根据面粉多少，入烤炉烤制 1 小时以上。

什鲁斯伯里蛋糕

蛋糕里，

藏着四季的分明，

和一座岛的魂灵。

——申斯通

糖粉 1 磅过筛，同适量桂皮碎、肉桂碎一起倒入 3 磅上好的面粉中。取 3 个鸡蛋打散，加入少量玫瑰水，搅拌均匀倒入面粉中，加入适量黄油。

搅拌均匀后，擀成薄片，切成自己喜欢的形状，放在铁板上烤制。

蜂蜜蛋糕

甜甜圈撒不了谎，

我好奇地盯着它，它可没法藏在瓶子中；

奶酪也休想藏在桶罐里；

蜂蜜蛋糕更不可能，它可是上帝的最爱。

——帕内尔

面粉 1.5 磅，蜂蜜 0.75 磅，块糖 0.5 磅，磨碎；枸橼 0.25 磅，橘子皮 0.5 盎司改刀切丁；姜粉、桂皮各 0.75 盎司。将块糖倒入蜂蜜中，加热熔化后，将剩下的食材依次倒入其中，揉制成团，再切成适当大小。

那不勒斯小饼干

即使我问过两位美食家，

依然难以明白，让侍者活力无限的，

是深红葡萄酒还是那不勒斯小饼干？

——金

面粉 0.75 磅，糖粉 1 磅，分别过筛 3 次，6 个鸡蛋打散，同 1 勺玫瑰水一起混合均匀。入炉烤制前，需提前将烤炉预热。

姜饼

打那以后，

她经常用加糖的美食招待客人，

如果她呈上了珍贵的姜饼，

毫无疑问，情谊的甜蜜加倍。

——申斯通

糖浆 0.75 磅，鸡蛋 1 个，打散；红糖 4 盎司，姜粉 0.5 盎司，过筛；丁香、肉豆蔻皮、多香果、肉豆蔻各 0.25 盎司，磨碎；黄油 1 磅，隔水融化。将上述食材搅拌均匀，加入适量面粉，揉制成团，擀成薄饼，切成小块。

海绵蛋糕

我之所欲，

蛋糕与美酒，

优雅与不朽。

——盖 伊

柠檬 1 颗，削皮榨汁，皮切碎待用。鸡蛋 12 个，块糖粉、过筛干面粉各 12 盎司。取 10 个蛋黄，加入适量糖粉，打至发泡。再取鸡蛋 2 个，蛋清、蛋黄分离加入打好的蛋黄中，备用。将柠檬汁加入剩下的 10 个蛋清中，搅拌直至打稠，同打好的蛋黄搅拌均匀，加入面粉和柠檬皮碎，混合后倒入事先抹好黄油的烤盘中，面糊不能超过烤盘高度的一半。

糖饼干

上一刻，快乐的时间遗憾溜走，

下一刻，喝茶的时间悄然而至。

壶肚装满，水烧至沸，

奶油在灯下舞蹈，饼干在盘中私语。

点心王国的一切准备已就绪，

她的心也与这一切融为一体。

——多兹利

鸡蛋8个；块糖粉，与鸡蛋等重；干面粉为糖粉重量的一半；将鸡蛋的蛋清蛋黄分离。蛋黄加糖粉打半小时，加入蛋清和面粉，少许肉豆蔻粉和柠檬皮碎，还可以加一点桂皮粉。入烤炉，烤制时间和法式小饼干相同。

德比蛋糕

有人带来了鸡肉，有人带来了德比蛋糕，
有人带来了坚果，有人带来了苹果，
有人能做出更美味的奶酪蛋糕，
请也带来吧。

面粉 2 磅，过筛，同 1 磅黄油揉制成团，加入红糖、无籽葡萄干各 1 磅，再倒入 0.5 品脱牛奶，混合均匀。擀薄后切成圆块，放入干净的烤盘中，入炉，中等温度烤制 10 分钟。

薄脆饼干

今晚月色明朗或朦胧，

我已备好美酒和饼干。

君知人生得意须尽欢，

今宵欢声畅饮友皆安。

——斯威夫特

取1磅甜杏仁，焯水后捞出，碾成糊状，加入6个鸡蛋，打散。再向其中加入糖粉、黄油各1磅。取2颗柠檬，皮剥下切碎，和上述食材一起放入研钵碾碎待用。取1磅面粉置于案板上，倒入杏仁碎，一起揉成团，切成适当大小的生胚。给生胚表面裹上蛋黄液，再撒上一层糖粉(亦可用肉桂粉)，烤盘需先刷一层黄油，再放上饼干生胚，放入大小合适的烤炉中烤制。

奶酪蛋糕

牧师以其愉悦对上帝起誓，

少女用甜蜜回应爱人情谊，

一切只因馅饼和奶酪蛋糕的相遇。

——盖 伊

取2夸脱鲜牛奶倒入锅中，放在炉边预热，待温度适合，放入2汤勺凝乳酶，用手搅拌均匀，静置1.5小时后，撇去上层的乳清，将凝乳沥水，倒入研钵中，加入4盎司糖粉、3盎司事先加热过的黄油，搅拌均匀备用。取4个鸡蛋黄，加入少量肉豆蔻粉、柠檬皮和1杯白兰地，打散，倒入凝乳中，随后再加入2盎司无籽葡萄干，混合均匀备用。烤盘用0.5英寸厚的面皮包边，面皮刻上花纹，倒入混合好的凝乳，烤制20分钟。

新娘蛋糕

蛋糕点缀婚宴，

新人在神父面前许下爱的誓言。

——斯马特

取 4 磅新鲜黄油，2 磅块糖磨碎过筛，0.25 盎司肉豆蔻干皮和等重的肉豆蔻。1 磅面粉需要 8 个鸡蛋，黑加仑 4 磅洗净，置于火前烘干。甜杏仁 1 磅焯水，改刀。香橼、橘子蜜饯、柠檬蜜饯各 1 磅，白兰地 0.5 品脱。首先将黄油打成糊，加入糖粉，再打 15 分钟，最后加入蛋清打至发泡，加入面粉、肉豆蔻干皮和肉豆蔻粉，继续搅拌，待烤炉预热好，加入白兰地，将黑加仑和甜杏仁撒在上面。烤盘抹黄油，入炉烤制 3 小时。

好时蛋糕

她说：

“我的吻从来拒绝给予不成熟的男人。”

但是她却无法拒绝亲吻一块好时蛋糕。

——法国民谣

方糖1磅，磨碎过筛，鸡蛋4个去黄，12滴柠檬汁，葡萄干1茶杯。蛋清打至发泡，加入糖粉和柠檬汁，搅拌均匀备用。取方形烤盘，底部铺上一张湿纸，取1汤勺葡萄干，均匀放入烤盘，然后用一把大勺子，舀1勺蛋液倒在每颗葡萄干上，倒的时候动作一定要稳，不然烤出来的蛋糕就会出现表面不均的情况。烤炉无须预热，蛋糕烤至变色即可取出。将蛋糕取出后，两两叠在一起放在晒网上冷却，待蛋糕黏合即成。

马卡龙

在这里，奢华甜点堆砌在精致宽盘中，

在这里，紫色的甘酿点亮宴会的快乐时光，

在这里，和着音乐治愈的力量，

在今夜，宾客情不自禁地纵情释放。

——约翰逊

甜杏仁 1 磅焯水，入凉水冷却后晾干放置一天。将准备好的甜杏仁分成两份，捣碎，加入适量蛋清和面粉。取 2 磅方糖，磨碎过筛，柠檬 2 颗去皮切碎，同杏仁碎一起放入研钵中，加入尽可能多的鸡蛋，搅拌均匀。用勺子将面糊盛到烤盘中，烤制 45 分钟。为防止粘连，蛋糕之间要预留至少 1 英寸的空间。

烤马卡龙时，尤其需要注意时间和火候。

奶油葡萄酒

缪斯将人间的极致美味藏在山中小镇，

或许你的小苹果曾在奶油里洗澡，

钝刀和草莓在波尔多葡萄酒里浸泡，

为山景增添一抹深邃的红！

你的白葡萄酒、糖、牛奶和俱乐部

调出一杯温柔的奶油葡萄酒。

——金

我并非爱你所有食物，也不管它如何制作，

满足我味蕾要求的，唯有你的杯中之酒。

——巴　洛

波特酒、雪利酒各 1 品脱（也可以用其他酒代替），倒入瓷碗中，按个人口味加糖。加入足量牛奶，用发泡奶油做奶盖，撒上肉豆蔻粉、肉桂粉和蜜饯。不过，我个人建议别放蜜饯。

啤酒和麦芽酒的酿造

小佩吉，你若准备去酿酒，
开始之前，定要考虑周全；
需明智选材，要严谨设计；
想想，此刻你要去制作的是酒，
想一想，谁一定会喝你酿的酒，
请记住，它是对诚实之人的奖励；
当然，佩吉，你的酒如果上了餐桌，
酒的品质决定你会接受赞美还是羞辱；
如果杯中的麦芽酒气泡会透出美丽的光泽，
那么你晶莹的杯中之酒就会被一饮而尽，
以防白色气泡飞走，飘浮上空引起好奇的目光。
但你一定会懂这句谚语：
“你的酿酒很棒，当然，也有可能是你的木塞好。”
从今以后，佩吉会是酿酒和装酒入瓶的天才少女。

——金

两种酒酿造方法相似，都需要用到麦芽，但用量不同。一桶啤酒需要12蒲式耳[①]麦芽，麦芽啤酒需要8蒲式耳。向麦芽中按比例倒入热水，将麦芽捣碎后搅拌半小时，盖上盖，静置2.5小时。按比例加入啤酒花和水。啤酒的比例是每一蒲式耳水中加入0.75磅啤酒花，麦芽啤酒则只需要0.5磅。混合好之后上炉，从水开后开始计时，加热两个小时。倒入桶中冷却。加入酵母3夸脱，酵母需要提前准备好，最好是当天制作的新鲜酵母。放在阳光下，用纸糊住桶口，啤酒开始发酵后，取1.5磅啤酒花，置于火前烤干，倒入啤酒桶中，盖紧桶盖。

发酵12个月，装瓶。装瓶后仍需放置至少12个月方可饮用。这样酿造的啤酒能够存放8～10年。酿造啤酒的最佳时机是5月初，装啤酒的瓶子一定要洗干净。最重要的是，别忘了准备软木塞。

麦芽啤酒只需要在桶中发酵3～4个月即可。如果

---

① 蒲式耳，译自英语中的bushel。旧称“嘝”。英、美计量体积的单位。1蒲式耳（英）≈36.37升；1蒲式耳（美）≈35.24升。——编者注。

想要酒劲大一点，在酿造时可不取掉通风孔塞。麦芽啤酒碳酸含量比较高，压力会比较大。第一次开桶时，可能会浪费 2 加仑的酒。

冰镇薄荷酒的由来

传说，古老的奥林匹斯山上的众神，

（以及那些人们怀疑被生动的传说玷污的神！）

有一晚，正值众神狂欢之际，

酒神巴克斯告诉大家，他的最后一桶神酒不知怎么的就没了。

但大家尚未尽兴，决定再喝一桶，

他们决定启用人类的更公平的方法。

为了制成一桶可以喝到狂欢结束的酒，

应将酒置于阴凉处，

谷物女神克瑞斯漫不经心地献出她的谷物，

使这种酒以淡黄色的颗粒为基础，

这种酒从清晨的露珠中第一次获得生命，

又学会在晶莹的露珠再次掉落时溜出去。

果树女神波摩娜，她精挑细选桌上每个人面前的水果，

当被要求从她的贮藏品中挑选一件贡献于酒中时，

她拿出了精致蜜桃的温和浆汁；

酒是混合制成，所以当爱神维纳斯旁观时，

他眼睛来回扫视，显然很担心这种蜜的魔法力量——布拉的蜂蜜；

即使其他材料没有，从那时起，蜂蜜也没在酒里缺席过。

接着花神佛洛拉也动摇了，从她的胸怀中透出芬芳，

她玫瑰般的手指在碗里按压下去，

所有的液体和食物如小溪般充满活力，

草本植物的芳香使这一切都别具风味。

这坛鲜酿太美味，每一位天神都赞不绝口，

虽然些许原料缺乏使众神遗憾，

但当主神朱庇特亲自加了一小把冰，

冰镇薄荷酒这等神仙美酿自此产生。

——霍夫曼

宾治酒

亚力酒，水，柠檬汁和香料四名要将，

在一场战争中残酷厮杀，

这就是宾治酒的形成。

它引领世界的潮流，也构成了我们生活的一部分。

先放入刺激味觉的香橼，再倒入浓郁的果汁；

最深处的果核，道尽了生活的酸楚，

此刻，糖和苦在液体中相遇，

以理想的甘甜驯服生活的苦涩！

再让活水流进碗里；

不要忧心不容，实则海纳百川。

取用烈酒数滴，

注入容器使其充满活力，

请坚信，从烈酒中获得的力量能打败黑暗。

一杯匆匆而尽，顿感容光焕发，

海浪毫无美德，只知从泉水中汲取温度；

而我们却从宾治酒中获得了灵魂。

——根据席勒诗歌改译

附录　花之宴

一生的忠告

[英] 沃尔特·克兰　著

曾绪　冯馨莹　译

沃尔特·克兰（1845—1915），英国艺术家、插画家。他与凯特·格林威、伦道夫·凯迪克并列为 19 世纪欧洲三大插画大师，对童书绘画影响深远。

冯馨莹，西南科技大学在读翻译硕士研究生。

冬雪消融，花儿们开始举办一年一度的盛宴。伴随着朗朗上口的歌谣，四季花朵化身为人，依次盛放。它们是大自然的主人，也是人类永恒而友好的朋友。跟随作者极尽想象力的文笔，你可以看到那些熟悉的植物的前世今生，看到它们随着季节的流转以不同的姿态展现自己独特的魅力。作者以丰富的想象力打造了一场华美的花之宴，铺陈季候流转、花事变迁，同时见证大自然在时光流逝中的不同演变。

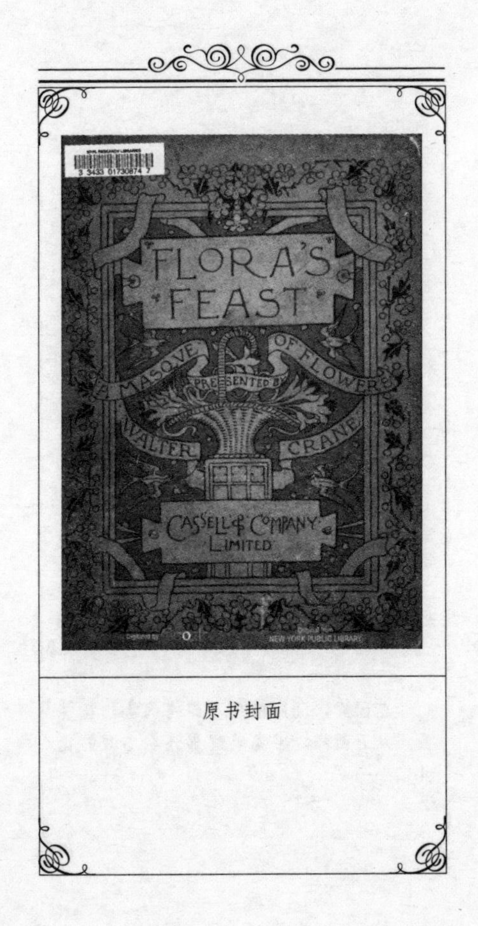
FLORA'S FEAST
A MASQVE
OF FLOWERS
PRESENTED BY
WALTER
CRANE
CASSELL & COMPANY
LIMITED
NEW YORK PUBLIC LIBRARY

原书封面

The sullen winter nearly spent,
Queen Flora to her garden went,
To call the flowers from their long sleep,
The year's glad festivals to keep:

花园里，沉闷的冬季即将离去，花神女王从天而降，准备唤醒那还在冬眠的花儿们……

And one by one each
making bold
Their silken vesture
to unfold,
And peeping forth to meet
the sun,
The long procession is begun:-

听到了女王的召唤，花儿从惬意的睡眠中苏醒过来，揉着惺忪的睡眼偷看着太阳，迎接着阳光，他们展开自己美妙的丝绸衣裙，在阳光下尽情绽放，一个比一个大胆。这是今年的欢乐节日！漫长的游行就要开始了！

The Snowdrops first upon
the scene,
White-crested braved King
Frost's demesne.

雪莲花最先惊艳上场，降临到英勇而无畏的白霜国王的山尖领地上。

The little Crocus
reaches up
To catch a sunbeam
in his cup.

此时，可爱的小番红花正举着他们那如金杯一般的花苞收集着温柔的阳光。

The Daffodil his trumpet blows,
And after Spring a
hunting
goes.

水仙们吹响花喇叭向全世界宣告：春天来了，狩猎去！

Anemones rode out the gale,
Frail Wind-flowers flutter'd,
red & pale:

海葵随着狂风摇摆，这脆弱的娇花随风飘浮，红润的脸颊露出丝丝苍白，好像有些招架不住这狂风的洗礼。

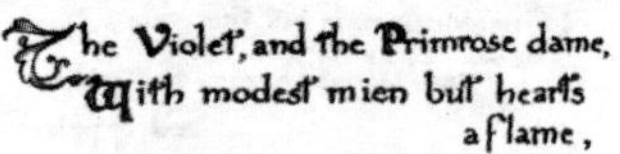

紫罗兰和迎春花满身的珠翠环佩，这两位贵妇人举止谦恭，如此文静而优雅，让人无法想象这样平静的外表下，内里却燃着一把激情的火焰。

Green-kirtled from the brooklet's fold,
The rustic maid Marsh-Marigold:

盎然绿色从小溪蜿蜒处溢了出来，原来是如质朴女佣一般的沼泽万寿菊。

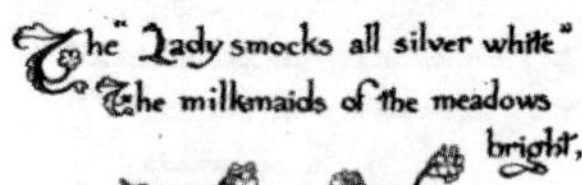

那边浑身裹满银白色的花儿女士，就如同在柔绿色的草地上挤牛奶的女工，格外显眼。

Where shining Buttercups abound,
Along the Cowslips on the
ground.

黄花九轮草展开他们精致的小黄花，点缀着开满闪亮毛茛的草地。

Here Lords and Ladies of the wood,
With shaking spear, and riding-
hood:

林间领主携手夫人头戴兜帽，挥动长矛以示威严。

Black knight-at-arms, the white-
plumed Thorn;
In pomp the Crown-
Imp-erial borne.

出身高贵的白羽毛刺全副武装变身黑色骑士，庄严地守护皇室的花冠。

While Tulips lift the banner red,
Or fill the cups with
fire instead.

郁金香们也不甘示弱，举起火红的花旗，有的在花杯之中填满火焰，只愿自己不会淹没在这耀眼的花之宴会。

空气中散发出了诱人的甜香，原来是风信子在风的邀请下款款起舞，花铃响起，这美妙的声音敲响了春的华章。

With blazoned pennons from each spear,
The Iris and the Flag ap·pear

彩虹花和旗帜花也登场了，他们举着自己如长矛般的花朵，优雅而庄严地行走，花朵上独特的纹章让人无法忽视。

Sweet masking May, in white or red,
Her snowy cloud of blossom spread.

被红白花儿装扮的五月，正是四处散发着清甜花香的时候，甜美的花朵如雪白的云朵般蔓延开来。

And Chaucer's Daisy small & sweet.
"Si douce est la Margarete."

乔叟钟爱的雏菊，娇小羸弱却甜美诱人，带着一股“玛格丽特酒”的醇香。

The little Lilies of the Vale,
White ladies delicate & pale;

幽谷中的百合小姐如斯娇嫩，却又透着我见犹怜的苍白。

Great Peonies in crimson pride,
And budding ones
in green that
hide:

富丽的牡丹花裹上他们引以为傲的深红色，藏在绿叶间的花蕾若隐若现，不可方物。

And Love's own flower the blushing Rose,
The Queen of all the garden close:

爱神最钟爱的还是玫瑰女王，她羞红了脸颊，缓缓地合上了自己的花瓣。

And Roses from the hedgerow wild,
Behind their thorns that faintly smiled.

篱笆外的玫瑰伸展着自己的荆棘，依稀露着微笑。

And from the cressy brook's green side,
"Forget-me-not", a small voice cried.

“不要忘了我!”一个小小的声音带着些许的哭腔，从小溪生机盎然的一面传来，却原来是勿忘我。

Here stately Lilies, pale and proud,
In vesture pure as summer cloud;

百合花庄严而骄傲，白净的脸庞如同夏云一般，洁白又纯净。

Or, burning like an orange flame,
With torches borne aloft they came.

那如火焰般的橙色百合，扬着他们的橙色火炬在空中飘飞起舞，宣示着他们的到来。

The Monk that wears the hood of blue,
The Bells of Canterbury, too:

那个戴着蓝色兜帽的修士摇着他的花铃，就像刚从坎特伯雷故事集中走出来的一样。

那草地上的牛眼菊，直勾勾地凝视着四周。

猩红色的罂粟花，头上就像燃了一把火焰。

Ere Evening Primrose
lights her lamp,
A beacon to the garden camp:

夜晚还未来临，报春花已然在花园的灯塔里点亮了她的花灯。

忙碌一天，百合慵懒地望着太阳西沉的地方，那一片的金光美不胜收。

Fresh Pinks cast incense on the air,
In fluttering garments fringed & rare.

新开的石竹花香气弥漫，她们带着花边的粉裙十分少见，俏皮又可爱。

Their cousin from the corn in blue;
Corn Marigold of golden hue.

石竹的表亲，那带着如玉米般金黄的万寿菊，在蓝色谷花的身旁摇曳身姿。

The fond Convolvulus still clings,
The Honeysuckle spreads his wings.

金银花展开他如翅膀般的花瓣站立起来，恋慕他的空心菜紧紧地抱着他。

The Hollyhock his standard
Bears proudly high,
to the autumn
sky.

傲气十足的蜀葵高举自己的旗帜屹立秋风中。

The blazing Sunflower, black and bold,
Burns yet to win the sun-set's gold.

炽热的向日葵十分大胆，即使夕阳只有暗淡的光芒，也要继续争抢夕阳洒下的黄金。

That, reddening on the Triton's spear,
Foretells the waning of the year.

逐渐变红的长矛花好像海之信使特里同斯，他吹响了花之号角，预言今年的衰落。

Then lilies, turned to Tigers, blaze
Amid the garden's tangled maze

花园中，百合花在万花缠绕的迷宫里，渐渐裹上老虎斑纹的衣裙。

Where still in triumph, stiff with gold,
The rich Chrysanthemums unfold.

那花瓣丰富的菊花，依然在盛开，可她们依旧坚持呆板的黄色。

Here doth the floral pageant close
With one last flower -
a Christmas Rose.
The End

就在花卉盛宴接近尾声的时候，最后一朵花儿——圣诞玫瑰苏醒了……